分布式算法精髓

[瑞士] 罗杰·沃滕霍弗（Roger Wattenhofer） 著

黄智濒 译

Mastering Distributed Algorithms

机械工业出版社
China Machine Press

图书在版编目（CIP）数据

分布式算法精髓 /（瑞士）罗杰·沃滕霍弗（Roger Wattenhofer）著；黄智濒译．-- 北京：机械工业出版社，2022.5
（计算机科学丛书）
书名原文：Mastering Distributed Algorithms
ISBN 978-7-111-70589-5

Ⅰ. ①分… Ⅱ. ①罗… ②黄… Ⅲ. ①分布式算法 Ⅳ. ① TP301.6

中国版本图书馆 CIP 数据核字（2022）第 064917 号

北京市版权局著作权合同登记　图字：01-2020-5650 号。

在过去的几十年里，分布式系统和网络领域经历了前所未有的增长。本书聚焦于分布式算法思想和下界技术，强调常见主题和基本原理，并讨论了树、图、社交网络和无线协议等问题。书中涉及的基本问题包括通信、协调、容错性、本地性、并行性、打破对称性、同步和不确定性。通过书中清晰的阐释，读者将熟悉重要的概念，并逐步掌握分布式算法的精髓。

本书适合互联网、物联网、云计算、并行计算、移动网络等众多领域的技术人员阅读，也可作为高等院校计算机相关课程的参考书籍。

出版发行：机械工业出版社（北京市西城区百万庄大街 22 号　邮政编码：100037）
责任编辑：曲　熠　　责任校对：殷　虹
印　　刷：中国电影出版社印刷厂　　版　　次：2022 年 6 月第 1 版第 1 次印刷
开　　本：185mm×260mm　1/16　　印　　张：13
书　　号：ISBN 978-7-111-70589-5　　定　　价：79.00 元

客服电话：（010）88361066　88379833　68326294　　投稿热线：（010）88379604
华章网站：www.hzbook.com　　读者信箱：hzjsj@hzbook.com

译者序

随着比特币和区块链在社会上的影响力越来越广泛，分布式系统和分布式算法引起很多人的关注。区块链本质上是一个分布式网络，区块链共识算法是分布式算法中一个特殊的类。掌握必要的分布式算法对理解目前广泛使用的互联网/物联网的诸多处理算法非常有帮助。

分布式算法，可以理解为位于分布式网络中的各类节点之间如何进行交互。每个节点可以扮演某一种角色，行使某一种功能，各类节点需要领导人和决策者，需要协调者和通信机制。然后基于各自的角色，实现各种并行算法。因此，分布式算法更强调节点之间的协作和通信，包括节点角色，节点是否可达或可用，节点的局部与全局拓扑，延迟、容错和稳定性等，并在这样的复杂环境下，实现算法和任务的并行化处理。本书描述了分布式算法的这些核心环境要素，并对树、图、社交网络和无线协议等问题进行介绍。本书阐述清晰，这对理解分布式算法非常有益，相信读者能通过本书逐步了解分布式算法的精髓。

译者长期从事大规模并行计算算法的研究和应用工作，在翻译的过程中，力求准确反映原著表达的思想和概念，但限于水平，译文中难免有错漏瑕疵之处，恳请读者批评指正。

最后，感谢家人和朋友的支持与帮助。同时，要感谢对本书翻译做出贡献的人，特别是北京邮电大学曹凌婧、张瑞涛、汪鑫、张涵和栗克宇等。此外，还要感谢机械工业出版社的各位编辑，以及北京邮电大学计算机学院的大力支持。

黄智濒

2022 年 3 月

前　言

Mastering Distributed Algorithms

什么是分布式算法

在过去的几十年里，我们在分布式系统和网络领域经历了前所未有的增长。目前分布式计算涵盖了当今计算机和通信领域中发生的许多活动。事实上，分布式计算具有相当多样化的应用领域。互联网是分布式系统，无线通信、云计算或并行计算、多核系统、移动网络也是如此。此外，蚁群、大脑甚至人类社会都可以被建模为分布式系统。

这些应用的共同点是，系统中的许多处理器或实体(通常称为节点)在任何时刻都是活跃的。节点有一定的自由度：有自己的硬件和软件。然而，这些节点可以共享共同的资源和信息，为了解决涉及几个甚至所有节点的问题，协调是必要的。

尽管有这些共性，但人脑与多核处理器当然有很大的不同。由于这种差异，人们在分布式计算领域研究了许多不同的模型和参数。在一些系统中，节点是同步运行的，在另一些系统中，节点是异步运行的。有简单的同构系统，也有异构系统，异构系统中包含不同类型的节点，它们可能具有不同的能力、目标等，需要进行交互。有不同的通信技术：节点可以通过交换消息进行通信，也可以通过共享内存进行通信。偶尔通信基础设施是为某一应用量身定做的，有时人们不得不使用给定的基础设施。分布式系统中的节点经常共同解决一个全局性的任务，偶尔节点是自主的代理，有自己的议程，并竞争共同的资源。

有时可以认为节点工作正常，有时节点可能发生故障。与单节点系统相比，分布式系统在发生故障的情况下仍可能正常工作，因为其他节点可以接管故障节点的工作。故障有不同的种类：节点可能只是崩溃，也可能表现出一种任意的、错误的行为，甚至可能达到无法与恶意(也就是拜占庭)行为区分的程度。也有可能节点确实遵循了规则，然而它们调整参数以获得系统的最大收益，换句话说，节点的行为是自私的。

显然，可以研究的模型有很多(甚至还有更多的模型组合)。我们现在不对它们进行详细讨论，只是在使用它们时进行定义。学完本书，读者应该知道最重要的概念，并且应该有一个大致的印象。

本书概览

本书介绍分布式计算的基本原理，突出常见的主题和技术。特别是，我们研究了分布式系统设计的一些基本问题：

- 通信：通信不是免费的，通信成本往往决定了本地处理或存储的成本。有时我们甚至认为除了通信之外的一切都免费。
- 协调：如何协调一个分布式系统，让它有效地执行一些任务？有多少开销是不可避免的？
- 容错性：分布式系统的一个主要优点是即使在出现故障的情况下系统作为一个整体也能生存下来。
- 本地性：网络在不断发展。幸运的是，完成一个任务并不总是需要全局信息，通常情况下，如果节点能与邻居通信就足够了。本地性解决方案是否可行，是本书的核心话题之一。
- 并行性：如果提高计算能力，比如增加可以分担工作量的节点数量，那么完成一个任务的速度有多快？对于一个给定的问题，并行性有多大可能？
- 打破对称性：有时需要选择一些节点来协调计算或通信。这是由一种叫作打破对称性的技术来实现的。
- 同步：如何在异步环境中实现同步算法？
- 不确定性：如果用一个词来恰当地描述本书，那大概就是“不确定性”。由于整个系统是分布式的，一个节点不可能知道其他节点在这个确切的时刻在做什么，尽管缺乏全局知识，但还是需要节点完成手头的任务。

最后，还有一些领域我们不会在本书中涉及，主要是因为这些主题非常重要，有单独的书来讲述它们。这类主题的例子是分布式编程或安全/密码学。

综上所述，在本书中，我们探讨基本的算法思想和下界技术，这两方面可以说是分布式计算和网络算法的“珠玑”。

前言注释

关于本书主题已经有许多优秀的教科书。最密切相关的书是由 David Peleg[Pel00]所著的，它提供了一些素材。Peleg 的书重点讨论网络分区、覆盖、分解和跨接器(这是一个有趣的领域，我们在本书中只是有所提及)。有大量的教科书与本书的一两章内容重叠，例如，[Lei92，Bar96，Lyn96，Tel01，AW04，HKP+05，CLRS09，Suo12，TR18]。另一门相关课程是由 James Aspnes[Asp]所作，还有一门课程是由 Jukka Suomela [Suo14]所作。

本书的一些章节是与(已经毕业的)博士生合作编写的。许多同事和学生帮助改进了本书。感谢 Georg Bachmeier、Philipp Brandes、Raphael Eidenbenz、Roland Flury、Klaus-Tycho Förster、Stephan Holzer、Barbara Keller、Fabian Kuhn、Michael Kuhn、Christoph Lenzen、Darya Melnyk、Thomas Locher、Remo Meier、Thomas Moscibroda、Regina O'Dell、Yvonne -Anne Pignolet、Noy Rotbart、Jochen Seidel、Stefan Schmid、Johannes Schneider、Jara Uitto、Pascal von Rickenbach。

参考文献

[Asp] James Aspnes. Notes on Theory of Distributed Systems.

[AW04] Hagit Attiya and Jennifer Welch. *Distributed Computing: Fundamentals, Simulations and Advanced Topics (2nd edition)*. John Wiley Interscience, March 2004.

[Bar96] Valmir C. Barbosa. *An introduction to distributed algorithms*. MIT Press, Cambridge, MA, USA, 1996.

[CLRS09] Thomas H. Cormen, Charles E. Leiserson, Ronald L. Rivest, and Clifford Stein. *Introduction to Algorithms (3. ed.)*. MIT Press, 2009.

[HKP+05] Juraj Hromkovic, Ralf Klasing, Andrzej Pelc, Peter Ruzicka, and Walter Unger. *Dissemination of Information in Communication Networks-Broadcasting, Gossiping, Leader Election, and Fault-Tolerance.* Texts in Theoretical Computer Science. An EATCS Series. Springer, 2005.

[Lei92] F. Thomson Leighton. *Introduction to parallel algorithms and architectures: array, trees, hypercubes*. Morgan Kaufmann Publishers Inc., San Francisco, CA, USA, 1992.

[Lyn96] Nancy A. Lynch. *Distributed Algorithms.* Morgan Kaufmann Publishers Inc., San Francisco, CA, USA, 1996.

[Pel00] David Peleg. *Distributed Computing: a Locality-Sensitive Approach.* Society for Industrial and Applied Mathematics, Philadelphia, PA, USA, 2000.

[Suo12] Jukka Suomela. Deterministic Distributed Algorithms, 2012.

[Suo14] Jukka Suomela. Distributed algorithms. Online textbook, 2014.

[Tel01] Gerard Tel. *Introduction to Distributed Algorithms.* Cambridge University Press, New York, NY, USA, 2nd edition, 2001.

[TR18] Gadi Taubenfeld and Michel Raynal. *Distributed Computing Pearls.* Morgan & Claypool, 2018.

目　录

Mastering Distributed Algorithms

第1章

Mastering Distributed Algorithms

顶点着色

顶点着色是一个著名的图论问题。这也是一个有用的玩具型例子，在本章中就可以看出本书的风格。顶点着色确实有不少实际应用，例如在无线网络领域，着色是TDMA MAC协议的基础。一般来说，顶点着色作为一种打破对称性的手段，这是分布式计算的主要方法之一。在本章中，我们不会真正谈论顶点着色的应用，而是抽象地讨论这个问题。在本章结束时，你可能学会有史以来最快的算法。让我们从一些简单的定义和观察开始。

1.1 问题和模型

问题1.1(顶点着色) 给定一个无向图 $G=(V, E)$，对于每一个顶点 $v\in V$，赋予其一个颜色 c_v，使得如下式子成立：$e=(v; w)\in E \Rightarrow c_v\neq c_w$。

备注：

- 在本书中，我们交替使用术语“顶点”和“节点”。
- 应用经常要求我们使用较少的颜色！在TDMA MAC协议中，较少的颜色即意味着较高的吞吐量。然而，在分布式计算中，我们常常对一个次优的解决方案感到满意。在解决方案的最优性(功效)和求解所需的工作/时间(效率)之间存在权衡。

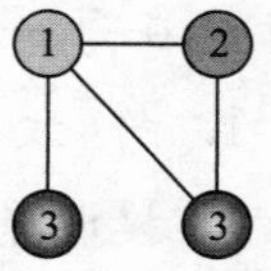

图1.2 有效着色的三色图

假设1.3(节点标识) 每个节点都有一个唯一的标识，例如，IP地址。我们通常假设，如果系统有 n 个节点，每个标识只由 $\log n$ 位组成。

备注：

- 有时我们甚至可以假设节点正好有标识1，…，n。
- 很容易看出，节点标识(如假设1.3中定义的)解决了着色问题1.1，但使用 n 种颜色并不令人兴奋。需要多少种颜色是一个要精心研究的问题。

定义 1.4(色数) 给定一个无向图 $G=(V, E)$，色数 $\mathcal{X}(G)$是求解问题 1.1 的最少颜色数。

为了更好地理解顶点着色问题，我们先来看一个简单的非分布式(集中式)顶点着色算法。

算法 1.5 贪心序列

1. **while** 存在一个未着色的顶点 v **do**
2. 用最少的颜色(数量)给 v 着色，不与已经着色的邻居相冲突
3. **end while**

定义 1.6(度) 一个顶点 v 的邻接数，用 $\delta(v)$表示，称为 v 的度。图 G 中的最大度顶点定义了图的度$\Delta(G)=\Delta$。

定理 1.7 算法 1.5 是正确的，并且在 n 个步骤内结束。该算法最多使用 $\Delta+1$ 种颜色。

证明： 由于每个节点最多只有 Δ 个邻居，所以在$\{1, \cdots, \Delta+1\}$范围内总是至少有一个颜色是空闲的。 ■

备注：

- 在定义 1.11 中，我们将看到什么是步骤。
- 有时候，$\mathcal{X}(G) \ll \Delta+1$。

定义 1.8(同步分布式算法) 在同步分布式算法中，节点以同步轮次运行。在每一轮中，每个节点执行以下步骤。

1. 向(大小合理的)图中的邻居发送消息。
2. 接收消息(是同一轮的步骤 1 中的邻居发送的)。
3. 做一些本地计算(合理的复杂度)。

备注：

- 任何其他步骤排序都可以。
- 在这种情况下，合理是什么意思？我们在这里有些灵活，存在不同的模型变体。一般来说，我们会处理那些只做非常简单的计算(比较、加法等)的算法。在这种情况下，指数时间计算通常被认为是有欺骗性的。同样，发送一个带节点 ID 或者一个值的消息被认为是可以的，而发送真正的长消息则是可疑的。我们以后需要的时候会有更确切的定义。

- 我们可以建立一个算法 1.5 的分布式版本。

算法 1.9 归约

1. 假设初始时所有的节点都有 ID
2. 每一个节点 v 执行下列代码
3. 节点 v 发送它的 ID 给所有邻居
4. 节点 v 接收邻居的 ID
5. **while** 节点 v 有一个 ID 较高的未着色的邻居 **do**
6. 　节点 v 发送“undecided”给所有邻居
7. 　节点 v 接收从邻居过来的新决策
8. **end while**
9. 节点 v 选择最小的可接受的自由颜色
10. 节点 v 告知所有邻居它的选择

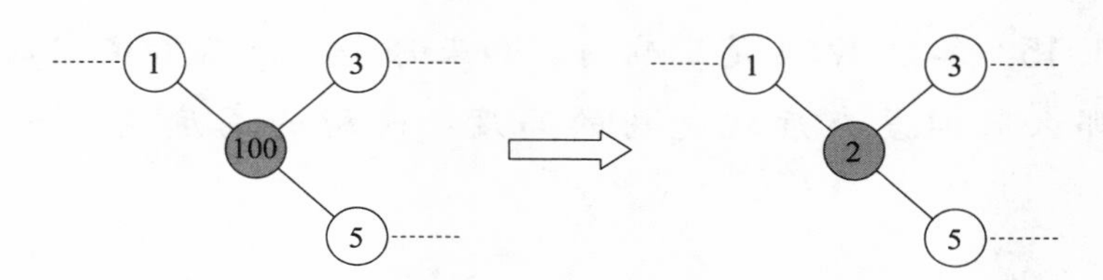

图 1.10 顶点 100 接收到的颜色数字值可能最小

定义 1.11(时间复杂度) 对于同步算法(如定义 1.8)，时间复杂度是指算法终止前的轮数。当最后一个节点终止时，算法终止。

定理 1.12 算法 1.9 是正确的，并且具有时间复杂度 n。该算法最多使用 $\Delta+1$ 种颜色。

证明： 节点选择的颜色与邻居不同，没有两个邻居同时选择。在每一轮中，至少有一个节点选择一种颜色，所以我们最多在 n 轮之后完成。 ■

备注：

- 在最坏的情况下，这个算法仍然没有顺序算法好。
- 要想出一个快速的算法似乎很难。
- 也许先研究一个简单的特例——树，然后再去研究更好。

1.2 着色树

引理 1.13 $\mathcal{X}(\text{Tree})\leqslant 2$

证明：假定某个节点为树的根。如果一个节点到树根的距离是奇数(偶数)，就把它染成1(0)。奇数节点只有偶数邻居，反之亦然。 ■

备注：

- 假设每个节点都知道自己在树中的父节点(根节点没有父节点)和子节点，这个构造性证明给出了一个非常简单的算法。

算法 1.14　慢树着色

1. 根的颜色为0，根向它的孩子发送0
2. 每个节点 v 并发地执行以下代码
3. **if** 节点 v 从父节点那里接收一个消息 c_p **then**
4. 　节点 v 选择一个颜色 $c_v=1-c_p$
5. 　节点 v 发送颜色 c_v 给它的子节点(除了父节点之外的所有邻居节点)
6. **end if**

定理 1.15　算法1.14是正确的。如果每个节点都知道它的父节点和子节点，那么时间复杂度就是树的高度，而树的高度是由树的直径限定的。

备注：

- 如果还没有给定树根，我们如何确定树根呢？后面会讨论。
- 算法的时间复杂度就是树的高度。
- 好的树，比如平衡二叉树，其高度是节点数的对数，也就是说时间复杂度是对数级的。
- 如果树的拓扑结构退化，时间复杂度有可能达到 n，即节点数。

这个算法不是很令人激动。我们能不能做得比对数级的时间复杂度更好呢？

下面是算法的思路：我们从具有 $\log n$ 位的颜色标签开始。在每一轮中，我们计算一个新的标签，它的大小相比前一个标签的大小指数倍地缩小，但仍然保证有一个有效的顶点着色！这个算法在 $\log^* n$ 的时间内终止。迭代对数[⊖]($\log^*$)就是你需要取的对数(以2为底)的次数，从而能降

⊖ 迭代对数(iterated logarithm)也称为重复对数，是一个增加非常慢的数学函数，可以视为近似常数。一般用 $\log^* n$ 来表示。一个实数的迭代对数是指需对实数连续进行几次对数运算后，其结果才会小于等于1。——译者注

到 2，形式上：

定义 1.16(迭代对数($\log^*$))

$$\forall x\leqslant 2:\log^* x:=1 \quad \forall x>2:\log^* x:=1+\log^*(\log x)$$

备注：

- 迭代对数是一个惊人地缓慢增长的函数。在可观测的宇宙中，所有原子(估计有 10^{80} 个)的迭代对数是 5，所以迭代对数的增长确实很慢。有的函数增长得更慢，比如阿克曼函数的倒数，但是，所有原子的阿克曼函数倒数已经是 4 了。

例子：

对一棵树按以下部分执行算法 1.17：

Grand-parent	0010110000	→	10010	→	…
Parent	1010010000	→	01010	→	111
Child	0110010000	→	10001	→	001

算法 1.17　6 种颜色

1. 初始时，每个节点 v 有大小为 $\log n$ 位大小的 ID(颜色)号 c_v
2. 每个节点 v 执行以下代码
3. **repeat**
4. 　将自己的颜色 c_v 传给所有的孩子
5. 　从父节点那里接收颜色 c_p(对于根 r 的集合 $c_p\in\{0,1\}\neq c_r$)
6. 　将 c_v 和 c_p 编译成位串
7. 　令 i 为最右侧位 b 的编号，其中 c_v 和 c_p 的不同
8. 　节点 v 的新颜色变为 $c_v=2i+b$
9. **until** 对于所有的节点 v 存在 $c_v\in\{0,\cdots,5\}$

定理 1.18　算法 1.17 在 $\log^* n+k$ 时间内终止，其中 k 是一个独立于 n 的常数。

证明： 我们需要证明父节点 p 和子节点 c 总是有不同的颜色。最初，这是真的，因为所有节点都从其唯一的 ID 开始。在一轮中，设 i 是子节点 c 与父节点 p 出现不同位的最小索引值。如果父节点 p 与自己的父节点在 j 处不同，且 $j\neq i$，则父节点 p 和子节点 c 在该轮中得到不同的颜

色。另一方面，如果 $j=i$，则通过一个在 i 处有不同位的父节点 p，打破对称性。

关于运行时间，请注意，除了打破对称性位之外，最大颜色的大小在每一轮中都急剧缩小，完全是一个对数函数。通过一些烦琐而枯燥的机制，可以证明确实每个节点都会在 $\log^* n+k$ 轮，取得一个{0，…，5}范围内的颜色。 ■

备注：

- 让我们仔细看看这个算法。颜色 11*(二进制值，即十进制的 6 或 7)将不会被选择，因为节点将再进行一轮。这样一来，总共有 6 种颜色(即颜色 0，…，5)。
- 那循环的最后一行呢？节点如何知道现在所有节点的颜色都在{0，…，5}范围内？这个问题的答案非常复杂。我们可以在 until 语句中硬性加入循环次数，使所有节点执行循环的次数完全相同。然而，为了做到这一点，所有节点都需要知道 n，即节点数，这很愚蠢。有一些(非平凡的)解决方案，其中节点不需要知道 n，见练习。
- 可以减少颜色的数量吗？请注意，算法 1.9 是行不通的(因为一个节点的度可能远远大于 6)！为了减少颜色，我们需要让兄弟姐妹单色！

算法 1.19　减少

1. 每个节点 v 并发地执行以下代码
2. 用父节点的颜色重新着色 v
3. 根节点从{0，1，2}中选择一个新的(不同的)颜色

引理 1.20　算法 1.19 保留了着色的合法性，同时兄弟姐妹也是单色的。

现在可以使用算法 1.21 将使用的颜色数量从 6 种减少到 3 种。

算法 1.21　6 种到 3 种

1. 每个节点 v 并发地执行以下代码
2. **for** $x=5$，4，3 **do**

3. 执行子例程减少(算法 1.19)
4. **if** $c_v = x$ **then**
5. 选择最少的可接受的新颜色 $c_v \in \{0, 1, 2\}$
6. **end if**
7. **end for**

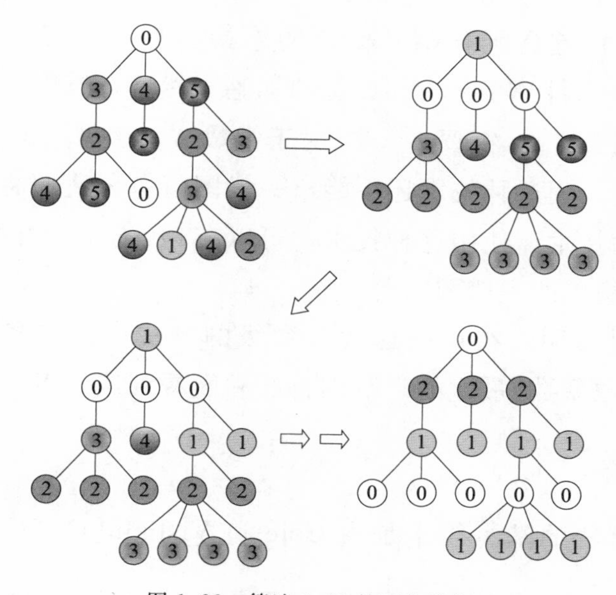

图 1.22　算法 1.21 的可能执行

定理 1.23　算法 1.17 和算法 1.21 在 $O(\log^* n)$的时间内给一棵具有三种颜色的树着色。

备注：

- 定理 1.18 中使用的术语 $O()$被称为大 O，在分布式计算中经常使用。粗略地讲，$O(f)$的意思是按照 f 的顺序，忽略常数因子和较小的加法项。更正式地说，对于两个函数 f 和 g，如果有常数 x_0 和 c，对所有 $x \geqslant x_0$，使$|f(x)| \leqslant c|g(x)|$，则认为 $f \in O(g)$。关于大 O 的详细讨论，可以参考其他数学或计算机科学入门课程，或者维基百科。
- 只用 2 种颜色的快速树着色比用 3 种颜色着色的成本要高得多。在一棵退化为列表的树中，远处的节点需要弄清楚它们之间的距离是偶数还是奇数跳，才能得到 2 种颜色的着色。要做到这一点，就必须向这些节点发送一条消息。这需要耗费的时间与节点数量呈线性关系。

- 这个算法的思想可以推广，例如，可以推广到环形拓扑。同时，一个恒定的度为 Δ 的一般图也可以在 $O(\log^* n)$ 时间内用 $\Delta+1$ 种颜色进行着色。其原理如下：在每一步中，一个节点将自己的标签与每一个邻居进行比较，构建一个对数差异标签，如算法 1.17。然后，新的标签是所有差异标签的连接。对于恒定的度 Δ，这将在 $O(\log^* n)$ 步中得到一个 3Δ 位的标签。然后，算法 1.9 将颜色的数量减少到 $\Delta+1$，需要 $2^{3\Delta}$ 步(对于常数 Δ，这仍然是一个常数)。
- 不幸的是，用这种技术还不能给一般图着色。我们将在下一章中看到另一种技术。使用这种技术，可以在 $O(\log n)$ 时间内为一个具有 $\Delta+1$ 种颜色的一般图着色。
- 一个下界表明，在这些迭代对数级的算法中，许多算法都是渐近(直到常数系数)最优的。我们将在后面看到这一点。

1.3 本章注释

迭代对数算法的基本技术是由 Cole 和 Vishkin[CV86]提出的。最近[RS15]证明了迭代对数算法的 $\frac{1}{2}\log^* n$ 严格边界。该技术可以被推广和扩展，例如，可以扩展到环形拓扑结构或具有恒定度的图[GP87，GPS88，KMW05]。将它作为一个子例程使用，可以在迭代对数时间内解决许多问题。例如，人们可以在 $O(\log^* n)$ 时间内，以渐近最优的方式对所谓的增长受限图(一种包括许多自然图类的模型，例如单位圆盘图)进行着色[SW08]。实际上，Schneider 等人表明，除了着色之外，在增长受限图和其他限制图中许多经典的组合问题都可以在迭代对数时间内解决。对于固定维度 $d>2$ 的环形网格的情况，也就是环形拓扑结构向更高维度的泛化，Brandt 等人最近证明了 4 种颜色的着色可以在 $O(\log^* n)$ 时间内找到，而 3 种颜色的着色则需要全局时间[BHK$^+$17]。

在下一章中，我们学习一个关于着色和相关问题的 $\Omega(\log^* n)$ 下界[Lin92]。Linial 的论文还包含了其他一些关于着色的结果，例如，任何对半径为 r 的 d 规则树进行着色的算法，其运行时间最多为 $2r/3$，至少需要

$\Omega(\sqrt{d})$种颜色。

对于一般图，后面我们将学习以极大独立集为基础的快速着色算法。由于着色表现出功效和效率之间的权衡，因此对于一般图存在许多不同的结果，例如[PS96，KSOS06，BE09，Kuh09，SW10，BE11b，KP11，BE11a，BEPS12，PS13，CPS14，BEK14]。

本章的一些部分也在[Pel00]的第 7 章中讨论过，例如，定理 1.18 的证明。

1.4 参考文献

[BE09] Leonid Barenboim and Michael Elkin. Distributed (delta+1)-coloring in linear (in delta) time. In *41st ACM Symposium On Theory of Computing (STOC)*, 2009.

[BE11a] Leonid Barenboim and Michael Elkin. Combinatorial Algorithms for Distributed Graph Coloring. In *25th International Symposium on DIStributed Computing*, 2011.

[BE11b] Leonid Barenboim and Michael Elkin. Deterministic Distributed Vertex Coloring in Polylogarithmic Time. *J. ACM*, 58(5):23, 2011.

[BEK14] Leonid Barenboim, Michael Elkin, and Fabian Kuhn. Distributed (delta+1)-coloring in linear (in delta) time. *SIAM J. Comput.*, 43(1):72–95, 2014.

[BEPS12] Leonid Barenboim, Michael Elkin, Seth Pettie, and Johannes Schneider. The locality of distributed symmetry breaking. In *Foundations of Computer Science (FOCS), 2012 IEEE 53rd Annual Symposium on*, pages 321–330, 2012.

[BHK+17] S. Brandt, J. Hirvonen, J. H. Korhonen, T. Lempiäinen, P. R. J. Östergård, C. Purcell, J. Rybicki, J. Suomela, and P. Uznański. LCL problems on grids. *ArXiv e-prints*, February 2017.

[CPS14] Kai-Min Chung, Seth Pettie, and Hsin-Hao Su. Distributed algorithms for the lovász local lemma and graph coloring. In *ACM Symposium on Principles of Distributed Computing*, pages 134–143, 2014.

[CV86] R. Cole and U. Vishkin. Deterministic coin tossing and accelerating cascades: micro and macro techniques for designing parallel algorithms. In *18th annual ACM Symposium on Theory of Computing (STOC)*, 1986.

[GP87] Andrew V. Goldberg and Serge A. Plotkin. Parallel $(\Delta+1)$-coloring of constant-degree graphs. *Inf. Process. Lett.*, 25(4):241–245, June 1987.

[GPS88] Andrew V. Goldberg, Serge A. Plotkin, and Gregory E. Shannon. Parallel Symmetry-Breaking in Sparse Graphs. *SIAM J. Discrete Math.*, 1(4):434–446, 1988.

[KMW05] Fabian Kuhn, Thomas Moscibroda, and Roger Wattenhofer. On the Locality of Bounded Growth. In *24th ACM Symposium on the Principles of Distributed Computing (PODC), Las Vegas, Nevada, USA*, July 2005.

[KP11] Kishore Kothapalli and Sriram V. Pemmaraju. Distributed graph coloring in a few rounds. In *30th ACM SIGACT-SIGOPS Symposium on Principles of Distributed Computing (PODC)*, 2011.

[KSOS06] Kishore Kothapalli, Christian Scheideler, Melih Onus, and Christian Schindelhauer. Distributed coloring in $O(\sqrt{\log n})$ Bit Rounds. In *20th international conference on Parallel and Distributed Processing (IPDPS)*, 2006.

[Kuh09] Fabian Kuhn. Weak graph colorings: distributed algorithms and applications. In *21st ACM Symposium on Parallelism in Algorithms and Architectures (SPAA)*, 2009.

[Lin92] N. Linial. Locality in Distributed Graph Algorithms. *SIAM Journal on Computing*, 21(1)(1):193–201, February 1992.

[Pel00] David Peleg. *Distributed Computing: a Locality-Sensitive Approach.* Society for Industrial and Applied Mathematics, Philadelphia, PA, USA, 2000.

[PS96] Alessandro Panconesi and Aravind Srinivasan. On the Complexity of Distributed Network Decomposition. *J. Algorithms*, 20(2):356–374, 1996.

[PS13] Seth Pettie and Hsin-Hao Su. Fast distributed coloring algorithms for triangle-free graphs. In *Automata, Languages, and Programming - 40th International Colloquium, ICALP*, pages 681–693, 2013.

[RS15] Joel Rybicki and Jukka Suomela. Exact bounds for distributed graph colouring. In *Structural Information and Communication Complexity - 22nd International Colloquium, SIROCCO 2015, Montserrat, Spain, July 14-16, 2015, Post-Proceedings*, pages 46–60, 2015.

[SW08] Johannes Schneider and Roger Wattenhofer. A Log-Star Distributed Maximal Independent Set Algorithm for Growth-Bounded Graphs. In *27th ACM Symposium on Principles of Distributed Computing (PODC), Toronto, Canada*, August 2008.

[SW10] Johannes Schneider and Roger Wattenhofer. A New Technique For Distributed Symmetry Breaking. In *29th Symposium on Principles of Distributed Computing (PODC), Zurich, Switzerland*, July 2010.

树算法

在本章中，我们将学习一些关于树的基本算法，以及首先如何构建树，以便我们能够运行这些(以及其他)算法。好消息是这些算法有很多应用，坏消息是本章的内容有点偏简单。但也许这并不是真正的坏消息。

2.1 广播

定义 2.1(广播) 广播操作是由一个单一的节点(即源节点)发起的。源节点想要向系统中的所有其他节点发送一个消息。

定义 2.2(距离、半径、直径) 无向图 G 中两个节点 u 和 v 之间的**距离**是 u 和 v 之间最小路径的跳数。节点 u 的**半径**是 u 和图中任何其他节点之间的最大距离。**图的半径**是图中任何节点的半径的最小值。**图的直径**是两个任意节点之间的最大距离。

备注：

- 显然，图的半径 R 和直径 D 之间存在着密切的关系，即 $R \leqslant D \leqslant 2R$。

定义 2.3(消息复杂度) 一个算法的消息复杂度是由交换的消息总数决定的。

定理 2.4(广播下界) 广播的消息复杂度至少是 $n-1$。源节点的半径是时间复杂度的下界。

证明：每个节点都必须收到消息。 ■

备注：

- 你可以使用预先计算好的生成树来做广播，其消息复杂度很高。如果生成树是一个广度优先搜索生成树(对于一个给定的源节点)，那么时间复杂度也很高。

定义 2.5(纯洁的) 如果一个图(网络)的节点不知道该图的拓扑结构，那么该图就是**纯洁的**。

定理 2.6(纯洁广播下界) 对于一个**纯洁的**网络，边的数量 m 是广播消息复杂度的下界。

证明： 如果你不尝试每条边，你可能会错过它背后的整个图部分。■

定义 2.7(异步分布式算法)　在异步模型中，算法是事件驱动的(一旦收到消息后……，做……)。节点不能访问一个全局时钟。从一个节点发送到另一个节点的消息将在有限但无限制的时间内到达。

备注：

- 异步模型和同步模型(定义1.8)是分布式计算的基础模型。由于它们不一定反映现实，在同步和异步之间还有几种模型。然而，从理论的角度来看，同步和异步模型是最有趣的模型(因为其他每个模型都在这两个极端之间)。
- 请注意，在异步模型中，采取较长路径的消息可能会提前到达。

定义 2.8(异步时间复杂度)　对于异步算法(如定义2.7)，时间复杂度是在最坏情况下(每个合法输入，每个执行场景)从执行开始到完成的时间单位数，假设每个消息的延迟最多为一个时间单位。

备注：

- 你不能在算法设计中使用最大延迟。换句话说，即使没有这样的延迟上界值，算法也必须是正确的。
- 纯洁广播下界(定理2.6)直接把我们带到了众所周知的洪泛(flooding)算法。

算法 2.9　洪泛

1. 源(根节点)发送消息给所有的邻节点
2. 每个其他节点 v 接收信息的，第一次将消息传输给所有(其他)的邻节点
3. 稍后再次收到消息(从别的边)，节点可以丢弃这个消息

备注：

- 如果节点 v 首先收到节点 u 的消息，那么节点 v 就称节点 u 为父节点。这种父子关系定义了一个生成树 T。如果洪泛算法是在一个同步系统中执行的，那么 T 是一个广度优先搜索生成树(相对于根节点)。
- 更有趣的是，在异步系统中，洪泛算法在 R 时间单位后终止，R 是源节点的半径。然而，构建的生成树可能不是一个广度优先搜索生成树。

2.2 融合广播

融合广播与广播相同，只是相反：不是由根向所有其他节点发送信息，而是由所有其他节点向根节点发送信息(从叶子开始，即树 T 是已知的)。最简单的融合广播算法是回传(echo)算法。

算法 2.10 回传

1. 一个叶子传送消息给它的父节点
2. 如果一个内节点已经从每个孩子那里接收到了所有的消息，那么它发送一个消息给它的父节点

备注：

- 通常情况下，回传算法与洪泛算法配对，用来让叶子知道它们应该开始回传过程，这被称为洪泛/回传(flooding/echo)。
- 例如，人们可以使用融合广播进行终止检测。如果一个根节点想知道系统中的所有节点是否已经完成了某些任务，它就会发起一个洪泛/回传；然后回传算法中的消息意味着这个子树已经完成了任务。
- 回传算法的消息复杂度是 $n-1$，但与洪泛一起是 $O(m)$，其中 $m=|E|$ 是图中边的数量。
- 回传算法的时间复杂度由洪泛算法生成的生成树的深度(即树内根的半径)决定。
- 洪泛/回传算法可以做的事情远不止从子树上收集确认信息。例如，我们可以用它来计算系统中的节点数、最大的 ID，或系统中存储的所有值的总和或路由不相交匹配。
- 此外，通过组合结果，人们可以计算出更多更复杂的聚合，例如，用节点数和总和可以计算出均值。有了均值，就可以计算出标准差。以此类推。

2.3 广度优先搜索树的构建

在同步系统中，洪泛算法是构建广度优先搜索(BFS)生成树的一种简单而有效的方法。然而，在异步系统中，由洪泛算法构建的生成树可能远离 BFS。在本节中，我们将两个经典的 BFS 构造——Dijkstra 和 Bellman-

Ford——作为异步算法来实现。

我们从 Dijkstra 算法开始。其基本思想是始终将最近的节点添加到 BFS 树的现有部分。我们需要通过逐层开发 BFS 树来并行化这个想法。该算法分阶段进行。在第 p 阶段，检测与根(第 p 层)有距离 p 的节点。

算法 2.11　Dijkstra BFS

---

1. 我们从阶段 $p=1$ 开始，有一棵树 T，其为根加上根的所有近邻
2. **repeat**
3. 　根通过在 T 内广播 “start p” 来启动阶段 p
4. 　当接收到 “start p”，T 的叶节点 u(即 p 级节点)向所有安静的邻节点发送 “join $p+1$” 消息(如果 u 还没有和 v 交流，那么邻居 v 为安静的。)
5. 　如果尚未在 T 中的节点 v 接收到一个 “join $p+1$” 消息，则节点 v 以 “ACK” 回应，并成为树 T 的 $p+1$ 层新的叶子
6. 　如果节点 v 已经在 T 中，则节点 v 将以 “NACK” 回应所有 “join” 消息
7. 　T 的叶节点在 p 层收集所有邻节点的应答；然后叶子开始一个回传给根的回传算法
8. 　当回传过程在根节点结束时，根节点增加相位
9. **until** 没有新的节点被检测出来

定理 2.12　算法 2.11 的时间复杂度为 $O(D^2)$，消息复杂度为 $O(m+nD)$，其中 D 是图的直径，n 是节点数，m 是边的数量。

证明： BFS 树中的广播/回传算法最多需要 $2D$ 时间。在叶子上寻找新邻居需要 2 个时间单位。由于 BFS 树的高度受直径的限制，我们有 D 个阶段，总的时间复杂度为 $O(D^2)$。每个参与广播/回传的节点在广播时最多只接收 1 个消息，在回传时最多只发送 1 个消息。由于有 D 个阶段，所以成本以 $O(nD)$ 为界。在每条边上最多有 2 个 “join” 消息。对 “join” 请求的答复是 1 个 “ACK” 或 “NACK”，这意味着我们在每条边上最多有 4 个额外的消息。因此，消息的复杂度是 $O(m+nD)$。■

备注：

- 时间复杂度并没有让人非常兴奋，让我们试试 Bellman-Ford 的方法吧！

Bellman-Ford 的基本思想更简单，而且在互联网中大量使用，因为它

是无处不在的边界网关协议(BGP)的一个基本版本。其想法是简单地保持到根的距离的准确性。如果邻居找到了通往根的更好的路线，节点可能也需要更新其距离。

算法 2.13 Bellman-Ford BFS

1. 每一个节点 u 存储着一个整数 d_u，其与 u 到根之间的距离相关。初始，对于其他每个节点 u(d_{root} 且 $d_u=\infty$)
2. 根通过将“1”发送给所有的邻节点开始算法
3. **if** 一个节点 u 从邻节点 v 接收到一个消息“y”且 $y<d_u$ **then**
4. 节点 u 设置 $d_u:=y$
5. 节点 u 发送“$y+1$”给所有的邻节点(除了 v)
6. **end if**

定理 2.14 算法 2.13 的时间复杂度为 $O(D)$，消息复杂度为 $O(nm)$，其中 D，n，m 的定义与定理 2.12 相同。

证明： 我们可以通过归纳法证明时间复杂度。我们声称离根节点的距离为 d 的节点在时间 d 之前已经收到了一个消息“d”。根在时间 0 时就知道自己是根。一个距离为 d 的节点 v 有一个距离为 $d-1$ 的邻居 u。节点 u 通过归纳法在时间 $d-1$ 或之前向 v 发送一个消息“d”，然后 v 在时间 d 或之前收到这个消息。消息的复杂度比较容易：一个节点可以减少其距离最多 $n-1$ 次；每一次它都向所有的邻居发送一个消息。如果所有节点都这样做，那么我们就有 $O(nm)$ 条消息。 ■

备注：

- 算法 2.11 具有更好的消息复杂度，算法 2.13 具有更好的时间复杂度。目前最好的算法(优化两者)需要 $O(m+n\log^3 n)$ 消息和 $O(D\log^3 n)$ 时间。这种权衡算法超出了本章的范围，但我们以后将学习一般的技术。

2.4 最小生成树的构建

有几种类型的生成树，每一种都有不同的目的。一种特别有趣的生成树是最小生成树(MST)。MST 只有在加权图上才有意义，因此在本节中我们假设每条边 e 都被分配了一个权重 ω_e。

定义 2.15(MST) 给定一个带权重的图 $G=(V, E, \omega)$，图 G 的 MST 是这样一个生成树 T，它可以最小化 $\omega(T)$，对于任何的子图 $G'\subseteq G$，$\omega(G')=\sum_{e\in G'}\omega_e$。

备注：

- 在下文中，我们假设图中没有两条边具有相同的权重。这简化了问题，因为它使 MST 是唯一的；然而，这种简化并不重要，因为人们总是可以通过将相邻顶点的 ID 加入权重中来打破相同的权重的影响。
- 很明显，我们对以分布式方式计算 MST 感兴趣。为此，我们使用一个著名的引理(引理 2.17)。

定义 2.16(蓝边) 设 T 是加权图 G 的一棵生成树，$T'\subseteq T$ 是 T 的一个子图(也叫片段)。如果 $u\in T'$，$v\notin T'$(反之亦然)，则边 $e=(u, v)$ 是 T' 的一条输出边(outgoing edge)。最小权重的输出边 $b(T')$ 是 T' 的所谓蓝边。

引理 2.17 对于一个给定的加权图 G(使得没有两个权重相同)，假设 T 表示 MST，T' 是 T 的一个片段，那么 T' 的蓝边也是 T 的一部分，即 $T'\cup b(T')\subseteq T$。

证明： 采用反证法。假设在 MST T 中，有一条边 $e\neq b(T')$ 连接 T' 和 T 的其余部分。将蓝边 $b(T')$ 添加到 MST T，我们得到一个包括 e 和 $b(T')$ 的循环。如果我们把 e 从这个循环中移除，那么我们仍然有一棵生成树，而且根据蓝边的定义 $\omega_e>\omega_{b(T')}$ 这个新生成树的权重小于 T 的权重。出现矛盾。 ■

备注：

- 换句话说，蓝边似乎是 MST 问题的分布式算法的关键。由于每个节点本身就是 MST 的一个片段，所以每个节点都直接有一条蓝边。我们所要做的就是让这些片段增长！本质上这是 Kruskal 顺序算法的一个分布式版本。
- 在任何时候，图的节点都被划分为片段(MST 的有根子树)。每个片段都有一个根，片段的 ID 是其根的 ID。每个节点都知道它的父节点和它在片段中的子节点。该算法分阶段运行。在一个阶段的开始，节点知道其邻节点的片段的 ID。

备注：

- 算法 2.19 是以伪代码陈述的，有一些细节没有真正解释。例如，可能有些片段比其他片段大得多，正因为如此，一些节点可能需要等待其他节点，例如，如果节点 u 需要找出邻居 v 是否也想在蓝边 $b=(u, v)$ 上合并。好消息是，所有这些细节都可以被解决。例如，我们可以通过保证节点只在上一阶段完成后开始新的阶段来约束异步性，与算法 2.11 的阶段技术类似。

定理 2.18 算法 2.19 的时间复杂度为 $O(n \log n)$，消息复杂度为 $O(m \log n)$。

证明： 每个阶段主要包括两个洪泛/回传过程。一般来说，在一棵树上洪泛/回传的成本是 $O(D)$ 时间和 $O(n)$ 个消息。然而，片段的直径 D 可能变成与图的直径无关，因为 MST 可能会蜿蜒，因此它确实是 $O(n)$ 时间。此外，在每个阶段的第一步中，节点需要了解其邻居的片段 ID；这可以在 2 个步骤中完成，但要花费 $O(m)$ 个消息。还有几个步骤，但它们花费很少。一个阶段总共要花费 $O(n)$ 时间和 $O(m)$ 个消息。所以我们只需要计算出阶段的数量。最初，所有片段都是单节点，因此大小为 1。在以后的阶段，每个片段至少与另一个片段合并，也就是说，最小的片段的大小至少增加一倍，即我们最多只有 $\log n$ 个阶段。

该定理得证。 ■

算法 2.19 GHS(Gallager-Humblet-Spira)

1. 最初，每个节点都是它自己片段的根。我们分阶段进行
2. **repeat**
3. 　所有节点都学习邻节点的片段 ID
4. 　每个片段的根使用其片段中的洪泛/回传来确定片段的蓝色边 $b=(u, v)$
5. 　根节点向节点 u 发送消息；当将消息从根节点转发到节点 u 的路径上时，所有的父子关系都被倒置了{这样 u 就是片段的新临时根}
6. 　节点 u 在上述的蓝色边 $b=(u, v)$ 上发送一个合并请求
7. 　**if** 节点 v 也在同一条蓝色边 $b=(v, u)$ 上发送了合并请求 **then**
8. 　　u 或 v(无论哪个 ID 更小)都是新的片段根
9. 　　蓝色边 b 是相应的方向
10. 　**else**

11.　　节点 v 是节点 u 的新父节点
12.　**end if**
13.　新当选的根节点通知其片段中的所有节点(同样使用洪泛/回传)其身份
14. **until** 所有节点都在同一个片段中(即没有输出边)

2.5 本章注释

树是最古老的图结构之一，已经出现在关于图论的第一本书中[Koe36]。分布式计算中的广播比较年轻，但也没那么年轻[DM78]。关于广播的概述可以在[Pel00]的第 3 章和[HKP$^+$05]的第 7 章找到。关于集中的树构造的介绍，例如，见[Eve79]或[CLRS09]。分布式情况的概述可以在[Pel00]的第 5 章或[Lyn96]的第 4 章中找到。关于路由的经典论文有[For56，Bel58，Dij59]。在后面的章节中，我们将学习一种通用的技术来推导出具有几乎最优时间和消息复杂度的算法。

算法 2.19 被称为 GHS，是以 Gallager、Humblet 和 Spira 这三位分布式计算的先驱[GHS83]命名的。他们的算法在 2004 年赢得了著名的 Edsger W. Dijkstra 分布式计算奖，原因之一是它是最早的非琐碎的异步分布式算法之一。因此，它可以被看作这个研究领域的种子之一。我们提出了一个简化版的 GHS。原文的特点是消息复杂度提高到了 $O(m+n \log n)$。后来，Awerbuch 设法进一步改进了 GHS 算法，得到了 $O(n)$时间和 $O(m+n \log n)$消息复杂度，两者都是渐近最优[Awe87]。

2.6 参考文献

[Awe87] B. Awerbuch. Optimal distributed algorithms for minimum weight spanning tree, counting, leader election, and related problems. In *Proceedings of the nineteenth annual ACM symposium on Theory of computing*, STOC '87, pages 230–240, New York, NY, USA, 1987. ACM.

[Bel58] Richard Bellman. On a Routing Problem. *Quarterly of Applied Mathematics*, 16:87–90, 1958.

[CLRS09] Thomas H. Cormen, Charles E. Leiserson, Ronald L. Rivest, and Clifford Stein. *Introduction to Algorithms (3. ed.)*. MIT Press, 2009.

[Dij59] E. W. Dijkstra. A Note on Two Problems in Connexion with Graphs. *Numerische Mathematik*, 1(1):269–271, 1959.

[DM78] Y.K. Dalal and R.M. Metcalfe. Reverse path forwarding of broadcast packets. *Communications of the ACM*, 12:1040–148, 1978.

[Eve79] S. Even. *Graph Algorithms.* Computer Science Press, Rockville, MD, 1979.

[For56] Lester R. Ford. Network Flow Theory. *The RAND Corporation Paper P-923*, 1956.

[GHS83] R. G. Gallager, P. A. Humblet, and P. M. Spira. Distributed Algorithm for Minimum-Weight Spanning Trees. *ACM Transactions on Programming Languages and Systems*, 5(1):66–77, January 1983.

[HKP+05] Juraj Hromkovic, Ralf Klasing, Andrzej Pelc, Peter Ruzicka, and Walter Unger. *Dissemination of Information in Communication Networks - Broadcasting, Gossiping, Leader Election, and Fault-Tolerance.* Texts in Theoretical Computer Science. An EATCS Series. Springer, 2005.

[Koe36] Denes Koenig. *Theorie der endlichen und unendlichen Graphen.* Teubner, Leipzig, 1936.

[Lyn96] Nancy A. Lynch. *Distributed Algorithms.* Morgan Kaufmann Publishers Inc., San Francisco, CA, USA, 1996.

[Pel00] David Peleg. *Distributed Computing: a Locality-Sensitive Approach.* Society for Industrial and Applied Mathematics, Philadelphia, PA, USA, 2000.

领导人选举

有些算法(例如慢树着色算法1.14)要求有一个特殊的节点，即所谓的领导人。确定一个领导人是一种非常简单的打破对称性的形式。基于领导人的算法通常不会表现出高度的并行性，因此经常会出现时间复杂度差的问题。然而有时候，有一个领导人以一种简单的方式(虽然是非分布式的)做出关键的决定，还是很有用的。

3.1 匿名领导人选举

选择一个领导人的过程被称为领导人选举(leader election)。尽管领导人选举是一种简单的打破对称性的形式，但有一些显著的问题，使我们能够引入值得注意的计算模型。

在本章中，我们集中讨论环形拓扑结构。分布式计算中许多有趣的挑战已经在环的特殊情况下揭示了问题的根源。从实用的角度来看，关注环也是有意义的，因为一些现实世界的系统是基于环形拓扑结构的，例如古老的令牌环标准。

问题3.1(领导人选举) 每个节点最终决定它是否是一个领导人，但必须遵守确实有一个领导人的约束条件。

备注：

- 更确切地说，节点处于三种状态之一：未决定、领导人、非领导人。最初，每个节点都处于未决定状态。当离开未决定状态时，节点进入最终状态(领导人或非领导人)。

定义3.2(匿名) 如果节点没有唯一的标识，系统就是匿名的。

定义3.3(均匀) 如果算法(如果你愿意，也可以说所有节点)不知道节点的数量n，那么该算法被称为均匀算法。如果n是已知的，该算法被称为非均匀的。

在一个匿名系统中能否选出领导人，取决于网络是对称的(环形、完全图、完全二分图等)还是不对称的(星形、带最高度的单节点等)。我们现在将表明，同步环的非均匀匿名领导人选举是不可能的。我们的想法是，在一个环中，对称性总是可以被保持。

引理 3.4　*在匿名环上的任何确定性算法的第 k 轮之后，每个节点都处于相同的状态 s_k。*

通过归纳法证明，所有节点都以相同的状态开始。同步算法的一个回合由发送、接收、本地计算三个步骤组成(见定义 1.8)。所有节点发送相同的消息，接收相同的消息，进行相同的本地计算，因此最终处于相同的状态。

定理 3.5(匿名领导人选举)　*在一个匿名环中，确定性的领导人选举是不可能的。*

证明(用引理 3.4)： 如果一个节点决定成为领导人(或非领导人)，那么其他每个节点也会这样做，这与问题 3.1 中的 $n>1$ 相矛盾。前面的论述对非均匀算法来说是成立的，因此对均匀算法也是如此。此外，它对同步算法成立，因此对异步算法也成立。■

备注：

- 方向感是指节点在匿名的环境中区分邻节点的能力。例如，在一个环中，一个节点可以区分顺时针和逆时针的邻居。方向感在匿名领导人选举中没有帮助。
- 定理 3.5 也适用于其他对称网络拓扑结构(如完全图、完全二分图等)。
- 请注意，定理 3.5 对随机算法来说一般不成立；如果允许节点抛掷硬币，对称性可能被打破。
- 然而，更令人惊讶的是，随机化并不总是有帮助。例如，一个随机化的均匀匿名算法不能在一个环中选出一个领导人。随机化无助于决定该环是否有 $n=3$ 或 $n=6$ 个节点：每三个节点都可能产生相同的随机位，因此节点无法区分这两种情况。然而，严格意义上优于因子 2 的 n 的近似值会有帮助。

3.2　异步环

我们首先集中讨论定义 2.7 中的异步模型。在本节中，我们假设非匿名性；每个节点都有一个唯一的标识。有了 ID，似乎就有了一个简单的领导人选举算法，因为我们可以简单地选出节点，例如最高 ID 的节点。

算法 3.6 顺时针领导人选举

1. 每个节点 v 执行以下代码
2. v 向它的顺时针邻居发送一个带有标识的消息（也可以是 u）
3. v 设置 $m := v$ {到目前为止看到的最大标识}
4. **if** v 接收到一个带 $w > m$ 的消息 w **then**
5. v 将消息 w 转发给它的顺时针邻居，并设置 $m := w$
6. v 决定不做领导人，如果它还没有这样做
7. **else if** v 接收到它自己的标识 v **then**
8. v 决定成为领导人
9. **end if**

定理 3.7 算法 3.6 是正确的。时间复杂度为 $O(n)$。消息复杂度为 $O(n^2)$。

证明： 假设节点 z 是具有最大标识的节点。节点 z 按顺时针方向发送它的标识，由于没有其他节点能吞掉它，最终会有一个包含它的消息到达 z。然后 z 宣布自己是领导人。由于系统中有 n 个标识，每个节点最多转发 n 条消息，因此消息复杂度最多为 n^2。我们从第一个唤醒的节点发送其标识时开始测量时间。对于异步时间复杂度（定义 2.8），我们假设每个消息最多需要一个时间单位才能到达目的地。因此，在最多 $n-1$ 个时间单位后，消息到达节点 z，唤醒了 z。将消息 z 在环上进行路由最多需要 n 个时间单位。因此，节点 z 的决定不会晚于 $2n-1$ 的时间。每个其他节点都在节点 z 之前决定。 ■

备注：

- 请注意，在算法 3.6 中，节点会区分顺时针和逆时针的邻居。这并不是必需的。只需向任何邻居发送自己的标识，并将消息转发给没有收到消息的邻居就可以了。所以节点只需要能够区分它们的两个邻居就可以了。
- 仔细分析表明，虽然最坏情况下的消息复杂度为 $O(n^2)$，但算法 3.6 的平均消息复杂度为 $O(n \log n)$。我们可以改进这个算法吗？

算法 3.8 半径增长

1. 每个节点 v 做以下事情
2. 最初，所有节点都是活跃的{所有节点仍有可能成为领导人}
3. 当节点 v 看到带有 $w>v$ 的消息 w 时，则 v 决定不做领导人，变成被动的
4. 活跃节点通过发送探测消息，在以指数增长的邻域(顺时针和逆时针)搜索具有更大标识的节点。探测消息包括原始发送方的 ID、发送方是否仍能成为领导人的位和生存时间(TTL)。节点 v 发送的第一条探测报文的 TTL 值为 1
5. 接收探测消息的节点(主动或被动)减少 TTL，并将消息转发给下一个邻居；如果它们的 ID 大于消息中的 ID，则将领导人位设置为 0，因为探测节点没有最大 ID。如果 TTL 为 0，探测消息将使用应答消息返回给发送方。应答消息包含接收方(探测消息的原始发送方)的 ID 和前导位。应答消息由所有节点转发，直到它们到达接收方
6. 当接收到应答消息时：如果在搜索区域中没有更高 ID 的节点(由应答消息中的位表示)，则 TTL 加倍，并发送两条新的探测消息(同样发送给两个邻居)。如果在搜索区域中有一个更好的候选节点，则节点变为被动节点
7. 如果一个节点 v 收到了它自己的探测消息(不是应答)，则 v 决定成为领导人

定理 3.9 算法 3.8 是正确的。时间复杂度为 $O(n)$。消息复杂度为 $O(n \log n)$。

证明：正确性的证明与定理 3.7 相同。时间复杂度是 $O(n)$，因为最大标识 z 的节点发送消息的往返时间是 2，4，8，16，…，$2 \cdot 2^k$，$k \leqslant \log(n+1)$。即使包括额外的唤醒开销，时间复杂度也是线性的。证明消息复杂度略微困难：如果一个节点 v 设法在 r 轮中存活下来，那么在距离 2^r(或更小)的其他节点不会在 r 轮中存活下来，也就是说，节点 v 是其 2^r-邻居中唯一在 $r+1$ 轮中保持活动的节点。由于这对每个节点都是一样的，所以在 $r+1$ 轮中活跃的节点少于 $n/2^r$。在 r 轮中保持活跃需要花费 $2 \cdot 2 \cdot 2^r$ 条消息。因此，第 r 轮最多花费 $2 \cdot 2 \cdot 2^r \cdot \frac{n}{2^{r-1}} = 8n$ 个消息。由于只有对数个可能的回合，消息复杂度立即就出来了。 ■

备注：

- 这种算法是异步的，也是均匀的。
- 可能会出现这样的问题：是否可以设计一种消息复杂度更低的算

法。我们将在下一节回答这个问题。

3.3 下界

分布式计算中的下界(Lower Bound)往往比标准的集中式(随机存取机,RAM)模型更容易,因为人们可以对需要交换的消息进行争论。在本节中,我们提出了第一个难以达到的下界。我们表明,算法 3.8 是渐近最优的。

定义 3.10(执行) 一个分布式算法的执行是一个事件列表,按时间排序。一个事件是一条记录(时间、节点、类型、消息),其中类型是“发送”或“接收”。

备注:

- 在整个课程中,我们假设没有两个事件是在完全相同的时间发生的(或者可以任意地打破平局)。
- 一个异步算法的执行通常不仅由算法决定,也由调度器决定。如果有一个以上的消息在传输中,则调度员可以选择哪一个先到达。
- 如果两个信息在同一定向边上传输,那么有时需要先传输的信息也会先收到(FIFO)。

对于下界,我们假设以下模型:

- 我们得到了一个异步环,其中节点可以在任意时间唤醒(但最迟在收到第一条消息时)。
- 我们只接受具有最大标识的节点可以成为领导人的均匀算法。此外,每个非领导人的节点必须知道领导人的身份。当使用更复杂的证明时,这两个要求可以放弃;然而,这超出了本书的范围。
- 在证明过程中,我们将扮演“上帝”,指定传输中的哪条消息在执行中下一步到达。我们尊重链接的 FIFO 条件。

定义 3.11(开放调度) 一次调度是由调度器选择的一次执行。一个开放的(无定向的)边是指这样的一条边:到目前为止它还没有收到穿越该边的消息。如果一个环中有一条开放的边,那么该环的一次调度是开放的。

下界的证明是通过归纳法。首先我们展示基本情况。

引理 3.12 给定一个有两个节点的环 R,我们可以构造一个开放的调度,其中至少有一个消息被接收。节点无法将这个调度与一个更大的环上的调度区分开来,在这个更大的环上,所有其他节点都是在开放边的位置上。

证明：设有两个节点 u 和 v，$u<v$。节点 u 必须了解节点 v 的身份，因此至少要收到一条消息。一旦收到第一条消息，我们就停止算法的执行。(如果第一个消息是由 v 收到的，那么算法就倒霉了。)然后环中的另一条边(收到的消息没有在这条边上传输)是开放的。由于算法需要均匀，也许开放的边根本就不是真正的边，谁也说不清。我们可以利用这一点将两个环粘在一起，通过打破这个假想的开放边缘，用两条边连接两个环。具体如图 3.13 所示。■

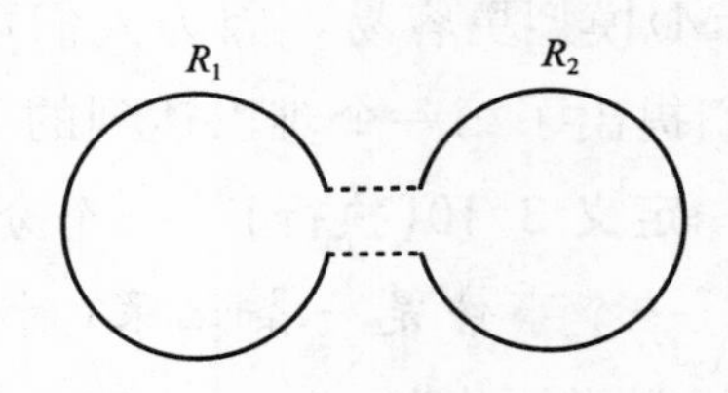

图 3.13　环 R_1 和 R_2 在其开口边缘处被粘在一起

引理 3.14　通过将两个大小为 $n/2$ 的环粘在一起(对于这些环，我们有开放的调度)，我们可以在一个大小为 n 的环上构建一个开放的调度。如果 $M(n/2)$表示每一个调度已经收到的消息的数量，至少要交换 $2M(n/2)+n/4$ 条消息才能解决领导人选举问题。

我们把环分成两个大小为 $n/2$ 的子环 R_1 和 R_2。如果没有收到来自"外人"的消息，这些子环就无法与有 $n/2$ 个节点的环区分开来。我们可以通过不安排这样的消息来确保这一点，直到我们想安排。请注意，在 R_1 和 R_2 上并行执行两个给定的开放调度是可能的，因为我们不仅控制消息的调度，而且控制节点的唤醒时间。通过这样做，我们可以确保在 R_1 和 R_2 中的节点了解到对方的任何情况之前已发送 $2M(n/2)$的消息!

在不失去一般性的情况下，假设 R_1 包含最大标识。因此，R_2 中的每个节点都必须了解最大标识的身份，因此至少要收到 $n/2$ 个额外的信息。唯一的问题是，我们不能用两条边连接这两个子环，因为新环需要保持开放。因此，只能接收其中一条边上的信息。我们展望一下未来：我们检查一下当我们只关闭其中一条连接边时会发生什么。

因为我们知道在 R_2 中必须有 $n/2$ 个节点被告知，所以必须至少有 $n/2$ 个消息被接收。封闭两条边必须通知 $n/2$ 个节点，因此对于两条边中的一条，必须存在一个距离为 $n/4$ 的节点，在创建该边时将被通知。这将导致 $n/4$ 条额外的信息。因此，我们选择这条边，让另一条边开放，这就达到了要求。

引理 3.15　任何异步环的均匀领导人选举算法都至少有消息复杂度

$M(n)\geqslant\frac{n}{4}(\log n+1)$。

通过归纳法证明。为了简单起见，我们假设 n 是 2 的幂次方。基本情况下 $n=2$ 是有效的，因为有了引理 3.12，这意味着 $M(2)\geqslant 1=\frac{2}{4}(\log 2+1)$。接着利用引理 3.14 和归纳法，我们有

$$
\begin{aligned}
M(n)&=2M\left(\frac{n}{2}\right)+\frac{n}{4}\\
&\geqslant 2\left(\frac{n}{8}\left(\log\frac{n}{2}+1\right)\right)+\frac{n}{4}\\
&=\frac{n}{4}\log n+\frac{n}{4}=\frac{n}{4}(\log n+1)
\end{aligned}
$$

备注：

- 为了隐藏常数，我们使用"大 Ω"符号表示 $O()$的下界。如果存在常数 x_0 和 $c>0$，使得 $|f(x)|\geqslant c|g(x)|$ 对于所有 $x\geqslant x_0$ 都成立，则函数 f 在 $\Omega(g)$中。
- 除了已经提出的大 O 的部分之外，还有 3 个额外的符号。记住，如果函数 f 的增长速度最多和 g 一样，那么这个函数 f 就在 $O(g)$中。如果一个函数 f 的增长速度比 g 慢，那么这个函数 f 就在 $o(g)$中。
- Ω 存在一个类似的小写符号。如果函数 f 的增长速度比 g 快，那么它就在 $\omega(g)$中。
- 最后，如果函数 f 的增长速度与 g 一样快，即 $f\in O(g)$和 $f\in\Omega(g)$，我们说该函数 f 在 $\Theta(g)$中。
- 同样，我们参考标准教科书中的正式定义。

定理 3.16(异步的领导人选举下界) *任何异步环的均匀领导人选举算法都有 $\Omega(n\log n)$的消息复杂度。*

3.4 同步环

下界依赖于将消息延迟很长一段时间。由于这在同步模型中是不可能的，所以我们在这种情况下可能会得到一个更好的消息复杂度。基本的想法非常简单。在同步模型中，没有收到消息也是一种信息。首先我们做一

些额外的假设。

- 我们假设该算法是不均匀的(也就是说，环的大小 n 是已知的)。
- 我们假设每个节点在同一时间启动。
- 具有最小标识的节点成为领导人，标识是整数。

算法 3.17 同步领导人选举

1. 每个节点 v 并发执行以下代码
2. 该算法在同步阶段运行。每个阶段由 n 个时间步组成。节点 v 从 0 开始计算相位
3. **if** phase$=v$ **and** v 还没有收到消息 **then**
4. v 决定成为领导人
5. v 在周围的环上发送信息“v 是领导人”
6. **end if**

备注:

- 消息复杂度确实为 n。
- 但时间复杂度是巨大的。如果 m 是最小标识，那就是 mn。
- 通过使用唤醒技术(收到唤醒信息后，唤醒顺时针方向的邻居)和让消息缓慢传播，可以放弃同步启动和非均匀性假设。
- 同步模型有几个下界：基于比较的算法或时间复杂度不能成为标识的函数的算法，其消息复杂度也是 $\Omega(n \log n)$。
- 在一般的图中，有效的领导人选举可能很难做到。虽然时间最优的领导人选举可以通过并行的洪泛/回传来完成(见第 2 章)，但约束消息复杂度却比较困难。

3.5 本章注释

[Ang80]第一个提到现在众所周知的匿名环和其他网络的不可能结果，即使是在使用随机化的时候。第一个异步环的算法在[Lan77]中提出，在[CR79]中改进为提出的顺时针算法。后来，[HS80]发现了半径增长算法，该算法降低了最坏情况下的消息复杂度。运行时间为 $O(n \log n)$的单向情况的算法可以在[DKR82，Pet82]中找到。基于比较的算法的 $\Omega(n \log n)$消息复杂度下界首次发表于[FL87]。在[Sch89]中提出了一种匿名网络的

恒定错误概率的算法。关于同步环中计算机功耗限制的一般结果见[ASW88，AS88]。

3.6 参考文献

[Ang80] Dana Angluin. Local and global properties in networks of processors (Extended Abstract). In *12th ACM Symposium on Theory of Computing (STOC)*, 1980.

[AS88] Hagit Attiya and Marc Snir. Better Computing on the Anonymous Ring. In *Aegean Workshop on Computing (AWOC)*, 1988.

[ASW88] Hagit Attiya, Marc Snir, and Manfred K. Warmuth. Computing on an anonymous ring. volume 35, pages 845–875, 1988.

[CR79] Ernest Chang and Rosemary Roberts. An improved algorithm for decentralized extrema-finding in circular configurations of processes. *Commun. ACM*, 22(5):281–283, May 1979.

[DKR82] Danny Dolev, Maria M. Klawe, and Michael Rodeh. An $O(n \log n)$ Unidirectional Distributed Algorithm for Extrema Finding in a Circle. *J. Algorithms*, 3(3):245–260, 1982.

[FL87] Greg N. Frederickson and Nancy A. Lynch. Electing a leader in a synchronous ring. *J. ACM*, 34(1):98–115, 1987.

[HS80] D. S. Hirschberg and J. B. Sinclair. Decentralized extrema-finding in circular configurations of processors. *Commun. ACM*, 23(11):627–628, November 1980.

[Lan77] Gérard Le Lann. Distributed Systems-Towards a Formal Approach. In *International Federation for Information Processing (IFIP) Congress*, 1977.

[Pet82] Gary L. Peterson. An $O(n \log n)$ Unidirectional Algorithm for the Circular Extrema Problem. 4(4):758–762, 1982.

[Sch89] B. Schieber. Calling names on nameless networks. In *Proceedings of the eighth annual ACM Symposium on Principles of distributed computing*, PODC '89, pages 319–328, New York, NY, USA, 1989. ACM.

分布式排序

“的确，我相信，几乎编程的每一个重要方面都是在排序(和搜索)的某个地方产生的!”

——Donald E. Knuth，The Art of Computer Programming

在本章中，我们从分布式计算的角度来研究计算机科学中的一个经典问题——排序。与常规的单处理器排序算法相比，没有一个节点能够访问所有的数据，相反，待排序的值是分布式的。分布式排序就可以归结为：

定义 4.1(排序) 我们选择一个有 n 个节点 v_1，…，v_n 的图。最初每个节点存储一个值。应用排序算法后，节点 v_k 存储第 k 个最小的值。

备注：

- 如果我们把所有的值都路由到同一个中心节点 v，让 v 对这些值进行本地排序，然后再把它们路由到正确的目的地，会怎么样呢？根据前几章研究的消息传递模型，这是完全合理的。在星形拓扑结构中，排序在 $O(1)$时间内完成。

定义 4.2(节点竞争) 在同步算法的每个步骤中，每个节点只能发送和接收包含 $O(1)$个消息，每个消息包含 $O(1)$个值，无论该节点有多少个邻节点。

备注：

- 使用定义 4.2 在星形图上进行排序需要的时间是线性的。

4.1 数组和网格

为了更直观地了解分布式排序，我们从两个简单的拓扑结构开始，即数组和网格结构。让我们从数组开始。

备注：

- 算法 4.3 中的比较和交换原语定义如下：假设存储在节点 i 的值为 v_i。在比较和交换之后，节点 i 存储值为 $\min(v_i, v_{i+1})$，节点 $i+1$ 存储值为 $\max(v_i, v_{i+1})$。
- 该算法的速度有多快，我们如何证明其正确性和效率？

- 最有趣的证明是使用0-1排序引理。它允许我们将注意力限制在只有0和1的输入上，并且适用于任何“未察觉的比较-交换”算法。(未察觉的意思是，你是否交换两个值，必须只取决于这两个值的相对顺序，而不取决于其他任何东西)。

算法4.3　奇/偶排序

1. 给定一个包含 n 个节点的数组(v_1，…，v_n)，每个存储一个值(未排序)
2. **repeat**
3. 　i 为奇数时，比较和交换节点 i 和 $i+1$
4. 　i 为偶数时，比较和交换节点 i 和节点 $i+1$ 的值
5. **until** 完成

引理4.4(0-1排序)　如果一个显著的比较-交换算法对所有0和1的输入进行排序，那么它可以对任意的输入进行排序。

证明： 我们进行反证(不能对任意的输入完成排序，则不能对0和1进行排序)。假设有一个输入 $x=x_1$，…，x_n 没有被排序算法正确排序，那么有一个最小值 k，使得运行算法后节点 v_k 的值严格大于第 k 个最小值 $x(k)$。定义一个输入，$x_i^*=0 \Leftrightarrow x_i \leqslant x(k)$，否则 $x_i^*=1$。每当算法比较一对1或0的时候，它是否交换数值并不重要，所以我们可以简单地假设它对输入 x 的操作是一样的。另一方面，每当算法交换一些数值，$x_j^*=1$ 且 $x_i^*=0$ 就意味着 $x_i \leqslant x(k) < x_j$。因此，在这种情况下，各自的比较-交换操作将对两个输入做同样的处理。我们得出结论，该算法将以对 x 相同的方式来对 x^* 进行排序，即只有0和1的输出也将是不正确的。■

定理4.5　算法4.3在 n 步内完成正确排序。

证明： 在引理4.4的基础上，我们只需要考虑一个只含有0和1的数组。在这个数组中，假设 j_1 是包含“最右边”1的节点，即 j_1 是(v_1，…，v_n)中下标最大的节点，其值为1。如果节点 $v_r=j_1$ 的索引 r 是奇数(偶数)，这个节点的值1将在第一(第二)步中向右移动。在任何情况下，它将在接下来的每一步中向右移动，直到它到达最右边的节点 v_n。我们通过归纳法表明，j_k 在第 k 步之后不再被阻挡(不断移动直到到达目的地)。由于节点 j_{k-1} 的1在第 $k-1$ 步之后移动，所以 j_k 在第 k 步之后的每一步都会得到一个右边的0邻接点(为了便于表述，我们省略了几个简单的细节)。■

备注：

- 线性时间不是很令人满意，也许我们可以通过使用不同的拓扑结构做得更好。让我们先尝试一下网状(又称网格)拓扑结构。

算法 4.6 Shearsort

1. 我们有一个 m 行 m 列的网格，m 为偶数，$n=m^2$
2. 排序算法按阶段进行，行或列采用奇/偶排序算法
3. **repeat**
4. 在奇数阶段 1，3，…，我们对所有行进行排序，在偶数阶段 2，4，…，我们对所有列进行排序，使得
5. 列是按小值上移的方式排序的
6. 奇数行(1，3，…，$m-1$)被排序使得小的值向左移动
7. 偶数行(2，4，…，m)被排序使得小的值向右移动
8. **until** 完成

定理 4.7 算法 4.6 在$\sqrt{n}(\log n+1)$时间内按蛇形顺序对 n 个值完成排序。

证明： 由于该算法是未察觉的，我们可以使用引理 4.4。在一个行和一个列的阶段之后，之前未排序的行中有一半将被排序。更正式地说，让我们把只有 0 的行(或只有 1 的行)称为干净的，既有 0 又有 1 的行是脏的。在任何阶段，网格的行都可以被分为三个区域。在北部，我们有一个都是 0 的行区域，在南部为都是 1 的行区域，在中间是一个脏行的区域(可能穿插着干净的行)。最初，所有的行都可以是脏的。由于行或列排序都不会触及北部和南部区域中已经干净的行，我们可以集中精力处理包含脏行的中间区域。 ■

首先我们运行一个奇数阶段。然后，在偶数阶段，偏离算法描述，让我们运行一个奇特的列排序器：我们将中间区域的两个连续行分成一对。由于奇数行和偶数行的排序方向相反，两个连续的行看起来如下。

$$\begin{array}{ccc} 00000 & \cdots & 11111 \\ 11111 & \cdots & 00000 \end{array}$$

这样的一对可以是处于三种状态中的一种。要么我们的 0 比 1 多(两行都是)，要么 1 比 0 多，要么 0 和 1 的数量相等。对每一对进行列排序，至

少可以得到一个干净的行(如果“$|0|=|1|$”，则有两个干净的行)。然后我们将清洁过的行向北/向南移动，包含脏行的中间区域将被(大致)减半。

这个奇特的列排序器与我们的算法有什么关系？仔细看看就会发现，任何列排序器都会以完全相同的方式对列进行排序(我们非常感谢有引理4.4)。因此，我们实际上描述了算法在偶数阶段的工作。

总而言之，我们需要 $2\log m=\log n$ 阶段，以便在中间保留(最多)1条脏行，这些脏行将在最后一次行排序时被排序(而不是清理)。

备注：

- 有一些算法可以在 $3m+o(m)$ 的时间内对一个 $m\times m$ 的网格进行排序(通过将网格分成更小的块)。这是渐近最优的，因为一个值可能需要移动 $2m$ 次。
- 这样的 $\sqrt{n}$ 排序器很可爱，但我们的目标更远。有一些非分布式的排序算法，如快速排序、堆排序或归并排序，可以在(预期) $O(n\log n)$ 时间内对 n 个值进行排序。因此，我们可以有效地利用 n 倍并行性，希望能有一种分布式的排序算法，在 $O(\log n)$ 时间内完成排序。

4.2　排序网络

在这一节中，我们构建了一个图的拓扑结构，它是为排序而精心构建的。这与前几章不同，在前几章中，我们总是不得不与给我们的拓扑结构一起工作。在许多应用领域(如点对点网络、通信交换机、系统硬件)，工程师确实有可能(事实上，至关重要)构建最适合自己应用的拓扑结构。

定义 4.8(排序网络)　一个比较器是一个有两个输入 x，y 和两个输出 x'，y' 的设备，使得 $x'=\min(x, y)$，$y'=\max(x, y)$。我们构建所谓的比较网络，由连接比较器的线组成(一个比较器的输出端口被送到另一个比较器的输入端口)。有些线没有连接到比较器的输出(我们称之为输入线)，有些线没有连接到比较器的输入(我们称之为输出线)。一个宽度为 n 的排序网络有 n 条输入线和 n 条输出线。一个排序网络将输入线上给定的 n 个值，通过网络的线和比较器，使这些值在输出线上被排序。

备注：

- 通常我们会把所有的线画在 n 条水平线上，其中 n 是网络的宽度。

然后比较器垂直连接这些线中的两条。图 4.9 中描述了一个排序网络的例子。

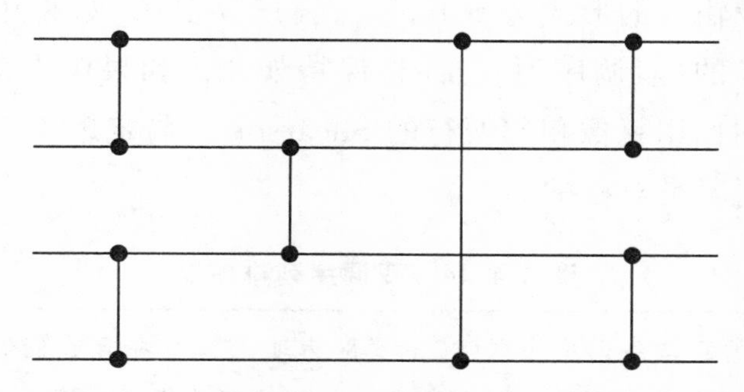

图 4.9 一个宽度为 4、带 6 个比较器和 16 条线的排序网络

定义 4.10(深度) 一条输入线的深度为 0。一个比较器的深度是其输入线的最大深度加 1。一个比较器的输出线的深度是比较器的深度。一个比较网络的深度是输出线的最大深度。

备注：

- 算法 4.3 中解释的奇数/偶数排序器也可以被描述为一个排序网络。一个宽度为 n 的奇数/偶数排序网络的深度为 n。
- 请注意，一个排序网络是一个未察觉的比较-交换网络。因此，我们可以在本节中一直应用引理 4.4。

定义 4.11(双调序列) 双调序列是一个先单调地增加，然后单调地减少，或者反过来的数字序列。

备注：

- ⟨1，4，6，8，3，2⟩或⟨5，3，2，1，4，8⟩是双调序列。
- ⟨9，6，2，3，5，4⟩或⟨7，4，2，5，9，8⟩不是双调序列。
- 由于我们把自己限制在 0 和 1 的范围内(引理 4.4)，双调序列的形式是 $0^i1^j0^k$ 或 $1^i0^j1^k$，i，j，$k\geqslant 0$。

算法 4.12 半清洁器

---

1. 一个半清洁器是一个深度为 1 的比较网络，当 $i=1$，…，$n/2$ 时，我们比较线 i 和线 $i+n/2$(我们假设 n 是偶数)

引理 4.13 将一个双调序列送入半清洁器(算法 4.12)，半清洁器会

对 n 条线的上半部分或下半部分进行排序(使之成为全 0 或全 1)。另一半是双调序列。

证明：假设输入的形式为 $0^i1^j0^k$，i，j，$k\geqslant 0$。如果中点落入 0，则输入已经是干净的(双调序列)，并将保持如此。如果中点落入 1 的位置，那么半清洁器的作用就像相邻两行的 Shearsort，与定理 4.7 的证明完全一样。$1^i0^j1^k$ 的情况是对称的。■

算法 4.14　双调序列排序器

---

1. 宽度为 n 的双调序列排序器(其中宽度为输入线数并且我们假设 n 是 2 的幂)由宽度为 n 的半清洁器和两个宽度为 $n/2$ 的双调序列排序器组成
2. 宽度为 1 的双调序列排序器为空

引理 4.15　一个宽度为 n 的双调序列排序器(算法 4.14)对双调序列进行排序。它的深度是 $\log n$。

证明：该证明直接来自算法 4.14 和引理 4.13。■

备注：

- 很明显，我们想对任意的序列，而不仅仅是双调序列进行排序。要做到这一点，我们还需要一个概念，即合并网络。

算法 4.16　合并网络

---

1. 一个宽度为 n 的合并网络是一个宽度为 n 的合并器，然后是两个宽度为 $n/2$ 的双调序列排序器。合并器是一个深度为 1 的网络，其中对于 $i=1, \cdots, n/2$，我们比较线 i 和线 $n-i+1$

备注：

- 请注意，合并网络是一个双调序列排序器，我们用一个合并器代替(第一个)半清洁器。

引理 4.17　一个宽度为 n 的合并网络(算法 4.16)将两个长度为 $n/2$ 的已排序输入序列合并为一个长度为 n 的已排序序列。

证明：我们有两个已排序的输入序列。从本质上讲，合并对两个已排序序列的作用就像半清洁器对双调序列的作用一样，因为输入的下半部分是相反的。换句话说，我们可以使用定理 4.7 和引理 4.13 中的相同论点：同样，在合并步骤之后，上半部分或下半部分是干净的，另一部分是双调

的。双调序列排序器用来完成排序。 ■

备注：

- 当能够合并两个大小为 $n/2$ 的已排序序列时，如何对 n 个值进行排序？小菜一碟，只要递归地应用合并就可以了。

算法 4.18 Batcher 双调排序网络

1. 一个宽度为 n 的 Batcher 排序网络由两个宽度为 $n/2$ 的 Batcher 排序网络和一个宽度为 n 的合并网络组成(见图 4.19)
2. 宽度为 1 的 Batcher 排序网络为空

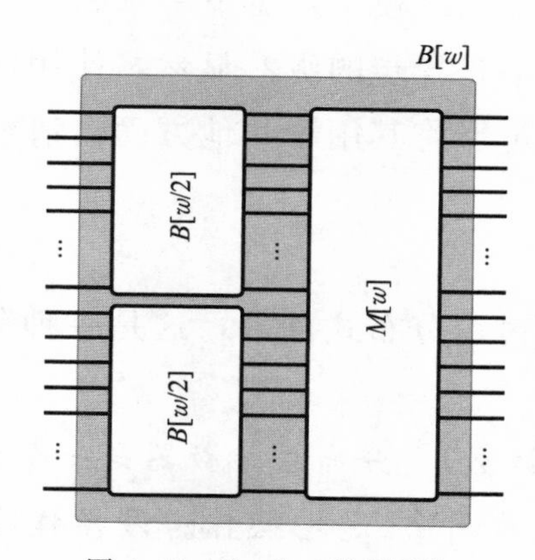

图 4.19 Batcher 排序网络

定理 4.20 一个排序网络(算法 4.18)对一个任意的 n 个值的序列进行排序。它的深度是 $O(\log^2 n)$。

证明： 正确性是显然的：在递归阶段 $k(k=1, 2, 3, \cdots, \log n)$我们将 2^k 个已排序的序列合并为 2^{k-1} 个已排序的序列。宽度为 n 的排序网络的深度 $d(n)$是宽度为 $n/2$ 的排序网络的深度加上宽度为 n 的合并网络的深度 $m(n)$，1 级排序器的深度为 0，因为排序器为空。由于宽度为 n 的合并网络的深度与宽度为 n 的双调序列排序器的深度相同，我们从引理 4.15 知道 $m(n)=\log n$。这就给出了一个 $d(n)$的递归公式，其解为 $d(n)=\frac{1}{2}\log^2 n+\frac{1}{2}\log n$。 ■

备注：

- 在普通的串行计算机上模拟 Batcher 排序网络需要 $O(n \log^2 n)$的时

间。如前所述，有一些串行排序算法可以在渐近最佳时间 $O(n \log n)$ 内进行排序。因此，一个自然的问题为是否存在一个深度为 $O(\log n)$ 的排序网络。这样的网络与串行渐近最优排序算法（如堆排序）相比，会有一些显著的优势。除了高度并行之外，它将是完全平台无关的，因此完美适合于快速硬件解决方案。1983 年，Ajtai、Komlos 和 Szemeredi 提出了一个著名的 $O(\log n)$ 深度排序网络。（然而，与 Batcher 排序网络不同，隐藏在 AKS 排序网络的大 O 中的常数太大，不实用。）

- 可以证明，Batcher 排序网络和类似的其他网络可以由 Butterfly 网络和其他超立方体网络模拟，见下一章。
- 如果一个排序网络是异步的呢？显然，使用同步器我们仍然可以进行排序，但也有可能将其用于其他方面。请看下一节。

4.3　计数网络

在这一节中，我们讨论分布式计数，这是一种分布式服务，例如可用于负载平衡。

定义 4.21（分布式计数）　*分布式计数器是一个系统中所有处理器共有的变量，它支持原子式的测试-递增操作。该操作将系统的计数器值传递给请求的处理器，并将其递增。*

备注：

- 一个朴素的分布式计数器将系统的计数器值存储在一个特定的中央节点。当其他节点启动测试-递增操作时，它们向中央节点发送请求消息，反过来又收到一个带有当前计数器值的应答消息。然而，如果有大量的节点在分布式计数器上操作，中央处理器将出现请求消息的拥堵，换句话说，系统将无法扩展。
- 这样一个分布式计数器的可扩展实现（没有任何形式的瓶颈）是否存在，或者说分布式计数是一个固有的集中化问题？
- 例如，分布式计数可用于实现负载平衡架构，即通过将具有计数器值 i（modulo n）的作业发送到服务器 i（在 n 个可能的服务器中）。

定义 4.22（平衡器）　*平衡器是一个异步设备，它将左边到达的消息转发到右边的线上，第一条转到上面，第二条转到下面，第三条转到上面，*

以此类推。

备注：

- 在电子学中，平衡器被称为翻转器。

算法 4.23 双调计数网络

1. 采用宽度为 w 的 Batcher 双调排序网络，将所有比较器替换为平衡器
2. 当节点想计数时，它向任意输入连接发送一条消息
3. 然后，消息按照异步平衡器的规则通过网络路由
4. 每个输出线都由一个迷你计数器完成
5. 线 k 的迷你计数器应答值“$k+i*w$”给它接收到的第 i 条消息的发起者(从 $i=0$ 开始)

定义 4.24(阶梯特性) 在一个序列 y_0，y_1，…，y_{w-1} 中，如果 $0\leqslant y_i-y_j\leqslant 1$，对于任何 $i<j$ 均成立，则被称为具有阶梯特性。

备注：

- 如果输出线具有阶梯特性，那么在有 r 个请求的情况下，小型计数器将准确地分配出 1，…，r 的值。我们需要证明的是，计数网络具有阶梯特性。为此，我们需要一些额外的事实。

事实 4.25 对于一个平衡器，我们用 x_i 表示第 i 条输入线上消耗的信息数量，$i=0$，1。同样，我们用 y_i 表示第 i 条输出线上的发送消息的数量，$i=0$，1。

平衡器有以下特性：

(1) 平衡器不产生输出消息，也就是说，在任何状态下，$x_0+x_1\geqslant y_0+y_1$。

(2) 每个传入的消息最终都会被转发。换句话说，如果我们处于静止状态(没有消息在传输中)，那么 $x_0+x_1=y_0+y_1$。

(3) 发送到上层输出线的消息数最多比发送到下层输出线的消息数多一个：在任何状态下 $y_0=\lceil y_0+y_1/2\rceil$(因此 $y_1=\lfloor(y_0+y_1)/2\rfloor$)。

事实 4.26 如果一个序列 y_0，y_1，…，y_{w-1} 具有阶梯特性，

(1) 那么它的所有子序列都具有阶梯特性。

(2) 那么它的偶数和奇数子序列满足：

$$\sum_{i=0}^{w/2-1} y_{2i} = \left\lceil \frac{1}{2}\sum_{i=0}^{w-1} y_i \right\rceil \quad 且 \quad \sum_{i=0}^{w/2-1} y_{2i+1} = \left\lfloor \frac{1}{2}\sum_{i=0}^{w-1} y_i \right\rfloor$$

事实 4.27 假设两个序列 $x_0, x_1, \cdots, x_{w-1}$ 和 $y_0, y_1, \cdots, y_{w-1}$ 具有阶梯特性。

(1) 如果 $\sum_{i=0}^{w-1} x_i = \sum_{i=0}^{w-1} y_i$，那么对于 $i=0, \cdots, w-1$，有 $x_i = y_i$。

(2) 如果 $\sum_{i=0}^{w-1} x_i = \sum_{i=0}^{w-1} y_i + 1$，那么存在唯一 $j(j=0, \cdots, w-1)$，对于 $i=0, \cdots, w-1$，$i \neq j$，有 $x_j = y_j + 1$ 且 $x_i = y_i$。

备注：

- [AHS94]中介绍了 Batcher 网络的另一种表示方法。它与 Batcher 的网络同构，并依赖于合并网络 $M[w]$，其归纳定义为：$M[w]$由两个 $M[w/2]$网络组成(一个上层和一个下层)，其输出被送入 $w/2$ 个平衡器/比较器。上层网络合并偶数子序列 $x_0, x_2, \cdots, x_{w-2}$，而下层网络则合并奇数子序列 $x_1, x_3, \cdots, x_{w-1}$。这两个 $M[w/2]$的输出分别称为 z 和 z'。网络的最后阶段通过将每对线 z_i 和 z'_i 送入一个平衡器来合并 z 和 z'，其输出产生 y_{2i} 和 y_{2i+1}。
- 只要证明合并网络 $M[w]$保留了阶梯特性就够了。

引理 4.28 假设 $M[w]$是一个宽度为 w 的合并网络。在静止状态下(即没有信息在传输中)，如果输入 $x_0, x_1, \cdots, x_{\frac{w}{2}-1}$ 和 $x_{w/2}, x_{\frac{w}{2}+1}, \cdots, x_{w-1}$ 具有阶梯特性，那么输出 $y_0, y_1, \cdots, y_{w-1}$ 具有阶梯特性。

证明： 通过对宽度 w 进行归纳。 ■

对于 $w=2$，$M[2]$是一个平衡器，平衡器的输出具有阶梯特性(事实 4.25.3)。

对于 $w>2$，假设 z 和 z'分别是上层和下层 $M[w/2]$子网络的输出。由于 $x_0, x_1, \cdots, x_{w/2-1}$ 和 $x_{w/2}, x_{w/2+1}, \cdots, x_{w-1}$ 通过假设都具有阶梯特性，它们的偶数和奇数子序列也具有阶梯特性(事实 4.26.1)。通过归纳假设，两个 $M[w/2]$子网络的输出都具有阶梯特性。令 $Z := \sum_{i=0}^{w/2-1} z_i$ 且$Z' := \sum_{i=0}^{w/2-1} z'_i$。由事实 4.26.2 我们得出结论 $Z = \left\lceil \frac{1}{2}\sum_{i=0}^{w/2-1} x_i \right\rceil + \left\lfloor \frac{1}{2}\sum_{i=w/2}^{w-1} x_i \right\rfloor$。类似地，我们知道

$Z'=\left\lfloor\frac{1}{2}\sum_{i=0}^{w/2-1}x_i\right\rfloor+\left\lceil\frac{1}{2}\sum_{i=w/2}^{w-1}x_i\right\rceil$。由于$\lceil a\rceil+\lfloor b\rfloor$和$\lfloor a\rfloor+\lceil b\rceil$最多相差1，我们知道$Z$和$Z'$最多相差1。

如果$Z=Z'$，事实4.27.1意味着对于$i=0$，…，$w/2-1$，有$z_i=z'_i$。因此，$M[w]$的输出是$y_i=z_{\lceil i/2\rceil}$，$i=0$，…，$w-1$。由于z_0，…，$z_{w/2-1}$具有阶梯特性，所以$M[w]$的输出也具有阶梯特性，因此，该引理就成立了。

如果Z和Z'相差1，事实4.27.2意味着对于$i=0$，…，$w/2-1$，有$z_i=z'_i$，除了有一个唯一的j，使得Z_j和Z'_j相差1。令$l:=\min(z_j, z'_j)$，然后，输出$y_i(i<2j)$是$l+1$，输出$y_i(i>2j+1)$是l。输出y_{2j}和y_{2j+1}被最终平衡器所平衡，结果是$y_{2j}=l+1$和$y_{2j+1}=l$。因此，$M[w]$保留了阶梯特性。 ■

构建一个双调计数网络是为了满足引理4.28的要求，即最终输出来自一个合并器，其上层和下层输入被递归合并。因此，可以得到下面的定理。

定理4.29(正确性) 在静止状态下，宽度为w的双调计数网络的w条输出线具有阶梯特性。

备注：

- 每一个排序网络都是一个计数网络吗？不，但另一个方向是对的。

定理4.30(计数与排序) 如果一个网络是一个计数网络，那么它也是一个排序网络，但反之不成立。

证明：有一些排序网络不是计数网络(例如奇数/偶数排序，或插入排序)。对于另一个方向，令C是一个计数网络，$I(C)$是同构网络，其中每个平衡器被一个比较器所取代。假设$I(C)$有一个任意的0和1的输入；也就是说，一些输入线有一个0，所有其他的线有一个1。当且仅当$I(C)$的第i条输入线为0时，在C的第i条输入线有一个消息。由于C是一个计数网络，所有的消息都被路由到上层输出线。

$I(C)$与C同构，因此$I(C)$中的比较器将在其上层(下层)线路上收到一个0，当且仅当相应的平衡器在其上层(下层)线上收到一个消息。通过归纳论证，0和1将通过$I(C)$被路由，从而使所有的0从上面的线离开网络，而所有的1则从下面的线离开网络。应用引理4.4表明$I(C)$是一个排序网络。 ■

备注：

- 我们声称，计数网络是正确的。然而，它只在静止状态下是正确的。

定义 4.31(可线性化)　如果分配的值的顺序反映了它们被请求的实时顺序，那么这个系统就是可线性化的。更正式地说，如果有一对操作 o_1，o_2，其中操作 o_1 在操作 o_2 开始之前终止，并且逻辑顺序是 o_2 在 o_1 之前，那么分布式系统就不是可线性化的。

引理 4.32(线性一致性)　双调计数网络是不可线性化的。

证明： 考虑图 4.33 中宽度为 4 的双调计数网络。假设两个 inc 操作被启动，相应的消息进入网络的线 0 和线 2(均为浅灰色)。在通过第二个或第一个平衡器后，这些穿越的消息睡着了；换句话说，这两个消息在被下一个平衡器接收之前需要非常长的时间。由于我们是在一个异步的环境中，情况可能如此。

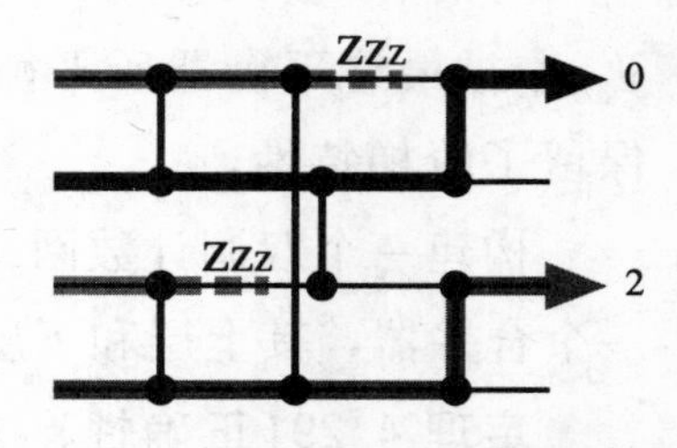

图 4.33　可线性化计数器实例

同时，另一个 inc 操作(中灰色)被启动，并在底部的线上进入网络。消息在 2 号线上离开网络，inc 操作完成。

紧接着，另一个 inc 操作(深灰色)被启动，并在 1 号线上进入网络。在通过所有的平衡器后，消息将从 0 号线离开网络。最后(图 4.33 中没有描述)，两个浅灰色的消息到达下一个平衡器，最终将通过 1 号线或 3 号线离开网络。由于深灰色和中灰色的操作确实与定义 4.31 相冲突，双调计数网络是不可线性化的。■

备注：

- 请注意，图 4.33 中的例子在静止状态下表现正确。最后，正好是 0，1，2，3 的值被分配。
- 已经表明，线性一致性是有很高代价的(深度随宽度线性增长)。

4.4　本章注释

用于著名的基于比较的顺序排序的下界的技术首次出现在[FJ59]中。对庞大的排序领域的全面介绍可以在[Knu73]中找到。Knuth 还在排序网络的背景下提出了 0/1 原则，据说是 W. G. Bouricius 的决策树定理的一个特例，并包括了排序网络研究的历史概述。

[Hab72]使用了一个不是基于 0/1 原则的且相当复杂的证明，[Hab72]首次提出并分析了数组上的奇/偶排序。网格的 Shearsort 首次出现在[SSS86]中，作为一种既容易实现又被证明是正确的排序算法。后来在[SS89]中，它被推广到具有更高维度的网格上。在[SI86]中提出了一种基于冒泡排序的算法；它需要花费 $O(\sqrt{n}\log n)$的时间，但在实践中是很快的。然而，[TK77]已经提出了一个网格网络的渐近最优算法，对于一个 $n \times n$ 的网格，该算法在 $3n+O(n^{2/3}\log n)$轮的时间内运行。后来[SS86]发现了一个更简单的算法，其使用的时间为 $3n+O(n^{3/4})$轮。

Batcher 在[Bat68]中提出了他著名的 $O(\log^2 n)$深度排序网络。直到[AKS83]才找到一个具有渐近最优深度 $O(\log n)$的排序网络。不幸的是，隐藏在大 O 表达式中的常数使得它相当不实用。

计数网络的概念在[AHS91]中被引入，不久之后，[HSW91]又研究了线性化的概念。在[AHS94]中的后续工作提出了双调计数网络，并研究了计数网络中的争论。关于计数网络的研究概述可以在[BH98]中找到。

4.5 参考文献

[AHS91] James Aspnes, Maurice Herlihy, and Nir Shavit. Counting networks and multi-processor coordination. In *Proceedings of the twenty-third annual ACM symposium on Theory of computing*, STOC '91, pages 348–358, New York, NY, USA, 1991. ACM.

[AHS94] James Aspnes, Maurice Herlihy, and Nir Shavit. Counting networks. *J. ACM*, 41(5):1020–1048, September 1994.

[AKS83] Miklos Ajtai, Janos Komlós, and Endre Szemerédi. An 0(n log n) sorting network. In *Proceedings of the fifteenth annual ACM symposium on Theory of computing*, STOC '83, pages 1–9, New York, NY, USA, 1983. ACM.

[Bat68] Kenneth E. Batcher. Sorting networks and their applications. In *Proceedings of the April 30–May 2, 1968, spring joint computer conference*, AFIPS '68 (Spring), pages 307–314, New York, NY, USA, 1968. ACM.

[BH98] Costas Busch and Maurice Herlihy. A Survey on Counting Networks. In *WDAS*, pages 13–20, 1998.

[FJ59] Lester R. Ford and Selmer M. Johnson. A Tournament Problem. *The American Mathematical Monthly*, 66(5):pp. 387–389, 1959.

[Hab72] Nico Habermann. Parallel neighbor-sort (or the glory of the induction principle). Paper 2087, Carnegie Mellon University-Computer Science Departement, 1972.

[HSW91] M. Herlihy, N. Shavit, and O. Waarts. Low contention linearizable counting. In *Foundations of Computer Science, 1991. Proceedings., 32nd Annual Symposium on*, pages 526–535, oct 1991.

[Knu73] Donald E. Knuth. *The Art of Computer Programming, Volume III: Sorting and Searching.* Addison-Wesley, 1973.

[SI86] Kazuhiro Sado and Yoshihide Igarashi. Some parallel sorts on a mesh-connected processor array and their time efficiency. *Journal of Parallel and Distributed Computing*, 3(3):398–410, 1986.

[SS86] Claus Peter Schnorr and Adi Shamir. An optimal sorting algorithm for mesh connected computers. In *Proceedings of the eighteenth annual ACM symposium on Theory of computing*, STOC '86, pages 255–263, New York, NY, USA, 1986. ACM.

[SS89] Isaac D. Scherson and Sandeep Sen. Parallel sorting in two-dimensional VLSI models of computation. *Computers, IEEE Transactions on*, 38(2):238–249, feb 1989.

[SSS86] Isaac Scherson, Sandeep Sen, and Adi Shamir. Shear sort – A true two-dimensional sorting technique for VLSI networks. *1986 International Conference on Parallel Processing*, 1986.

[TK77] Clark David Thompson and Hsiang Tsung Kung. Sorting on a mesh-connected parallel computer. *Commun. ACM*, 20(4):263–271, April 1977.

共享内存

在分布式计算中，存在各种不同的模型。到目前为止，本课程的重点是松散耦合的分布式系统，如互联网，其中节点通过交换消息进行异步通信。与之相对的模型是紧密耦合的并行计算机，其中节点完全同步地访问一个共同的存储器——在分布式计算中，这样的系统被称为并行随机访问机(PRAM)。

5.1 模型

第三种主要模型在某种程度上介于这两个极端之间，即共享内存模型。在共享内存系统中，异步进程(或处理器)通过共享变量或寄存器的共同内存区进行通信：

定义 5.1(共享内存) 共享内存系统是一个由异步进程组成的系统，它们访问一个共同的(共享)内存。一个进程可以通过一组预定义的操作原子式地访问共享内存中的一个寄存器。一个原子式的修改会立刻出现在系统的其他部分。除了这个共享内存外，进程还可以有一些本地(私有)内存。

备注：

- 存在各种共享内存系统。一个主要的区别是它们如何允许进程访问共享内存。所有的系统都可以原子式地读或写共享寄存器 R。例如，大多数系统确实允许高级原子式的读-修改-写(RMW)操作：
  - test-and-set(R)：$t := R$；$R := 1$；返回 t。
  - fetch-and-add(R, x)：$t := R$；$R := R + x$；返回 t。
  - compare-and-swap(R, x, y)：如果 $R = x$，则 $R := y$；返回 true；否则返回 false；结束。
  - load-link(R)/store-conditional(R, x)：Load-link 返回指定寄存器 R 的当前值。只有在 load-link 之后该寄存器没有发生更新的情况下，对同一寄存器的后续存储条件才会存储一个新的值 x(并返回 true)。如果有任何更新发生，存储条件会失败(并返回

false)，即使 load-link 读取的值已经恢复。

- RMW 操作的效果可以用共识数来衡量。一个 RMW 操作的共识数 k 定义了一个单位是否能解决 k 个进程的共识。例如，test-and-set 的共识数为 2(可以解决 2 个进程的共识，但不能解决 3 个)，而 compare-and-swap 的共识数是无穷的。这一见解产生了实际影响，因为硬件设计者不再开发支持弱 RMW 操作的共享内存系统。
- 在消息传递模型中得出的许多结果在共享内存模型中都有对应的结果。例如，传统的共识是在共享内存模型中研究的。
- 消息传递系统的编程是相当棘手的(特别是如果要集成容错功能)，而共享内存系统的编程通常被认为是比较容易的，因为程序员可以直接访问全局变量，不需要担心正确交换消息的问题。正因为如此，即使是通过交换消息进行物理通信的分布式系统，也常常可以通过共享内存中间件进行编程，从而使程序员的生活更加轻松。
- 我们很可能在即将到来的多核架构中找到共享内存系统的基本意义。至于编程风格，多核社区似乎倾向于共享内存的加速版本，即事务内存。
- 从消息传递的角度来看，共享内存模型就像一个二分图。一边是进程(节点)，它们的行为与消息传递模型中的节点差不多(异步的，可能会出现故障)。在另一边，你有共享寄存器，它们完美地工作(没有故障，没有延迟)。

5.2 互斥

共享内存系统中的一个经典问题是互斥。我们假设有一些偶尔需要访问相同资源的进程。该资源可能是一个共享变量，或者是一个更一般的对象，如数据结构或共享打印机。问题是，在同一时间只有一个进程被允许访问该资源。更正式地说：

定义 5.2(互斥)　我们假设有一些进程，每个进程都在执行以下代码部分：

〈入口〉→〈临界区〉→〈退出〉→〈剩余代码段〉

一个互斥算法由进入和退出部分的代码组成，这样一来，以下情况成立：

- 互斥：在任何时候，最多只有一个进程处于临界区。
- 无死锁：如果某个进程成功地进入了入口部分，那么稍后某个(可能是不同的)进程将进入临界区。

有时我们还要求：

- 无锁定：如果某个进程设法进入了入口部分，以后同一进程将进入临界区。
- 无障碍出口：没有进程会被卡在出口部分。

使用 RMW 原语，人们可以很容易地建立互斥算法。算法 5.3 显示了一个使用 test-and-set 原语的例子。

算法 5.3 互斥：Test-and-Set

输入：共享寄存器 $R:=0$

〈入口〉

1. **repeat**
2. $\quad r:=$test-and-set(R)
3. **until** $r=0$

〈临界区〉

4. …

〈出口〉

5. $R:=0$

〈其余代码〉

6. …

定理 5.4 算法 5.3 解决了定义 5.2 中的互斥问题。

证明：相互排斥直接来自 test-and-set 的定义：最初 R 为 0。假设 p_i 是第 i 个成功执行 test-and-set 的进程，其中成功意味着 test-and-set 的结果为 0。它发生在时间 t_i。在时间 t_i' 上，进程 p_i 将共享寄存器 R 重置为 0。在时间 t_i 和 t_i' 之间，没有其他进程可以成功 test-and-set，因此没有其他进程可以同时进入临界区。

证明无死锁的方法类似。徘徊在入口部分的进程之一，一旦临界区的进程退出，就会成功地进行 test-and-set。

由于退出部分只由一条指令组成(没有潜在的无限循环)，我们无障碍地退出。 ■

备注：

- 另一方面，该算法没有给出无锁定的情况。即使只有两个进程，也有异步执行的情况，总是同一个进程赢得 test-and-set。
- 算法 5.3 可以被改编为保证公平性(无锁定)，基本上是通过在队列中对入口部分的进程排序。
- 一个自然出现的问题是，是否可以只用读和写来实现互斥，也就是不用高级的 RMW 操作。答案是肯定的。

我们的读/写互斥算法只针对两个进程 p_0 和 p_1。在备注中，我们讨论了它如何被扩展。一般的思想是，进程 p_i 必须通过设置 $W_i := 1$，在"想要的"寄存器 W_i 中标记其进入临界区的期望。只有当其他进程不感兴趣时($W_{1-i}=0$)才会被允许进入。然而这太简单了，因为我们可能会遇到一个死锁。这种死锁(同时也是锁定)是通过增加一个优先级变量 Π 来解决的。见算法 5.5。

算法 5.5 互斥：Peterson 算法

初始化：共享寄存器 W_0，W_1，Π，初始都为 0

过程的代码 p_i，$i=\{0, 1\}$

〈入口〉

1\. $W_i := 1$

2\. $\Pi := 1-i$

3\. **repeat until** $\Pi = i$ 或者 $W_{1-i}=0$

〈临界区〉

4\. …

〈出口〉

5\. $W_i := 0$

〈其余代码〉

6\. …

备注：

- 请注意，算法 5.5 中的第 3 行代表一个自旋锁或忙-等待，与算法

5.3 中的第 1～3 行类似。

定理 5.6　算法 5.5 解决了定义 5.2 中的互斥问题。

证明： 共享变量 Π 将优先权授予首先通过第 2 行的进程。如果两个进程都在竞争，由于 Π 的存在，只有进程 p_{Π} 可以访问临界区。另一个进程 $p_{1-\Pi}$ 不能访问临界区，因为 $W_{\Pi}=1$(并且 $\Pi \neq 16-\Pi$)。访问临界区的唯一其他原因是另一个进程处于剩余代码段中(也就是说，不感兴趣)。这就证明了互斥性。

没有死锁直接来自 Π：进程 p_{Π} 可以直接访问临界区，不管其他进程做什么。

由于退出部分只由一条指令组成(没有潜在的无限循环)，我们无障碍地退出。

由于共享变量 Π 的存在，也没有实现锁定(公平)：如果一个进程 p_i 在第 2 行中输给了它的竞争对手 p_{1-i}，它将不得不等待，直到竞争对手在退出部分重置 $W_{1-i}:=0$。如果进程 p_i 不走运，在进程 p_{1-i} 在第 1 行再次设置 $W_{1-i}:=1$ 之前，它将不会足够早地检查 $W_{1-i}=0$。然而，一旦 p_{1-i} 进入第 2 行，进程 p_i 就会因为 Π 而获得优先权，并可以进入临界区。 ■

备注：

- 将 Peterson 算法扩展到 2 个以上的进程，可以通过一个锦标赛树来完成，就像网球一样。在有 n 个进程的情况下，每个进程在进入临界区之前需要赢得 $\log n$ 场比赛。更确切地说，每个进程从二叉树的底层开始，如果赢了就进入父层。一旦赢得树的根节点，它就可以进入临界区。由于二叉树每个节点上的优先级变量 Π，我们继承了定义 5.2 的所有特性。

5.3　存储和收集

在本节中，我们将看看第二个共享内存问题，它有一个优雅的解决方案。非正式地讲，这个问题可以表述如下。有 n 个进程 p_1，…，p_n。每个进程 p_i 在共享内存中都有一个读/写寄存器 R_i，它可以存储一些将要提供给其他进程的信息。此外，有一个操作，进程可以通过这个操作收集(即读取)所有在其寄存器中存储了某些值的进程的值。

我们说一个操作 op1 先于一个操作 op2，当且仅当 op1 在 op2 开始之前终止。一个操作 op2 跟在操作 op1 之后，当且仅当 op1 先于 op2。

定义 5.7(收集)　有两个操作：进程 p_i 的 store(val)将 val 设置为其寄存器 R_i 的最新值。一个收集操作返回一个视图，一个从进程集合到值集合的本地函数 V，其中对于每个进程 p_i，$V(p_i)$是 p_i 存储的最新值。对于一个收集操作 cop 来说，下面的有效性特性对每个进程 p_i 都必须成立：

- 如果 $V(p_i)=\perp$，那么在 cop 之前没有 p_i 的存储操作。
- 如果 $V(p_i)=v\neq\perp$，那么 v 是 p_i 的存储操作 sop 的值，且其不在 cop 之后，而且没有 p_i 的存储操作在 sop 之后同时在 cop 之前。

因此，一个收集操作 cop 不应该从未来读取或错过前面的存储操作 sop。

我们假设每个进程 p_i 的读/写寄存器 R_i 被初始化为$\perp$。我们将操作 op 的步骤复杂度定义为访问共享内存中的寄存器的次数。如算法 5.8 所示，对收集问题有一个平凡的解决方案。

算法 5.8　收集：简单(非自适应)的解决方案

操作 STORE(val)(通过进程 p_i)

1. $R_i := val$

操作 COLLECT

2. **for** $i := 1$ **to** n **do**
3. 　　$V(p_i) := R_i$　　　　// 读寄存器 R_i
4. **end for**

备注：

- 算法 5.8 显然有效。每个存储操作的步骤复杂度是 1，收集操作的步骤复杂度是 n。
- 乍一看，算法 5.8 的步骤复杂度似乎是最佳的。因为有 n 个进程，显然存在着一个收集操作需要读取所有 n 个寄存器的情况。然而，也有一些情况下，收集操作的步骤复杂度似乎开销很大。假设只有两个进程 p_i 和 p_j 在其寄存器 R_i 和 R_j 中存储了一个值。在这种情况下，原则上收集操作只需要读取寄存器 R_i 和 R_j，而可以忽略所有其他的寄存器。
- 假设到某一时间 t，$k\leqslant n$ 个进程已经完成或开始了至少一个操作。

如果 op 的步骤复杂度只取决于 k，而与 n 无关，我们就把时间 t 上的操作 op 称为自适应竞争。

- 在下文中，我们将看到如何实现存储和收集的自适应版本。

5.4 分离器

为了获得自适应收集算法，我们需要一个同步原语，称为分离器。

算法 5.9 分离器代码

```
共享寄存器：X：{⊥}∪{1，…，n}；Y：boolean
初始化：X：=⊥；Y：=false
进程 p_i 访问分离器
 1. X：=i
 2. if Y then
 3.   return right
 4. else
 5.    Y：=true
 6.    if X=i then
 7.      return stop
 8.    else
 9.      return left
10.    end if
11. end if
```

定义 5.11(分离器) 分离器是具有以下特征的同步原语。进入分离器的进程以 stop、left 或 right 方式退出。如果有 k 个进程进入一个分离器，那么最多只有一个进程以 stop 方式退出，最多只有 $k-1$ 个进程分别以 left 和 right 方式退出。

因此，可以保证，如果一个进程进入分离器，那么它获得 stop，如果两个或更多的进程进入分离器，那么最多只有一个进程获得 stop，并且有两个进程获得不同的值(即，要么正好有一个 stop，要么至少有一个 left 和至少一个 right)。见图 5.10。实现分离器的代

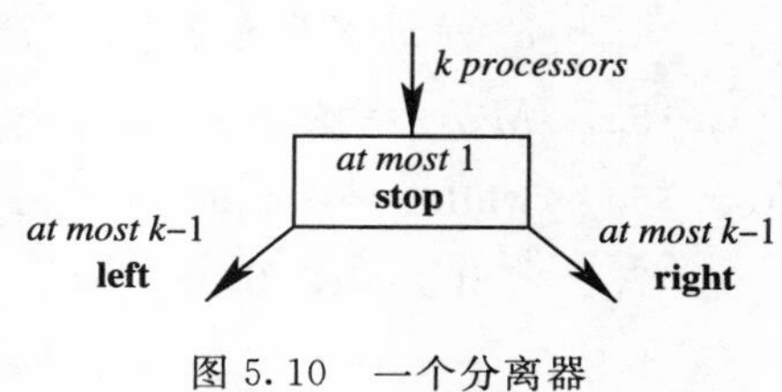

图 5.10 一个分离器

码由算法5.9给出。

引理5.12　算法5.9正确地实现了一个分离器。

证明：假设有 k 个进程进入分离器。因为在第2行中，第一个检查 $Y=\text{true}$ 的进程会发现 $Y=\text{false}$，所以不是所有的进程都返回 right。接下来，假设 i 是最后一个设置 $X:=i$ 的进程。如果 i 没有返回 right，它将在第6行发现 $X=i$，因此返回 stop。因此，总是有一个进程不返回 left。剩下的就是证明最多只有1个进程返回 stop。使用反证法，假设 p_i 和 p_j 是两个返回 stop 的进程，并且假设 p_i 在 p_j 设置 $X:=j$ 之前设置了 $X:=i$，两个进程都需要在其中一个设置 $Y:=\text{true}$ 之前检查 Y 是否为 true。因此，它们都在第1行完成了赋值，然后才由它们中的第一个在第6行检查 X 的值。因此，当 p_i 到达第6行时，$X\neq i$（p_j 和其他一些进程到那时已经覆盖了 X）。因此，p_i 没有返回 stop，我们得到一个与 p_i 和 p_j 都返回 stop 的假设相矛盾的结果。■

5.5　二叉分离树

假设我们得到了 2^n-1 个分离器，对于每个分离器 S，有一个额外的共享变量 Z_S：$\{\perp\}\cup\{1, \cdots, n\}$，初始化为 $\perp$，还有一个额外的共享变量 M_S：boolean，初始化为 false。如果 $M_S=\text{true}$，我们称一个分离器 S 被标记。2^n-1 个分离器被安排在一个高度为 $n-1$ 的完全二叉树中。使 $S(v)$ 成为与二叉树的一个节点 v 相关的分离器。存储和收集操作由算法5.13给出。

算法5.13　自适应的收集：二叉树算法

操作 STORE(val)（通过进程 p_i）

1. $R_i := val$
2. **if** 第一个通过 p_i 进行的 STORE 操作 **then**
3. 　　$v :=$ 二叉树的根节点
4. 　　$\alpha :=$ 进入分离器 $S(v)$ 的结果
5. 　　$M_{S(v)} :=$ **true**
6. 　　**while** $\alpha \neq$ **stop do**
7. 　　　　**if** $\alpha =$ **left then**
8. 　　　　　　$v := v$ 的左孩子

```
9.          else
10.             v := v 的右孩子
11.         end if
12.         α := 进入分离器 S(v) 的结果
13.         M_S(v) := true
14.     end while
15.     Z_S(v) := i
16. end if
```

操作 COLLECT

遍历二叉树标记部分

```
17. for 所有标记的分离器 S do
18.     if Z_S ≠ ⊥ then
19.         i := Z_S; V(p_i) := R_i              // 读进程 p_i 的值
20.     end if
21. end for                                   // 对所有的其他进程 V(p_i) = ⊥
```

定理 5.14 算法 5.13 正确实现了存储和收集。设 k 是参与进程的数量。进程 p_i 的第一个存储的步骤复杂度为 $O(k)$，p_i 的每一个额外存储的步骤复杂度为 $O(1)$，收集的步骤复杂度为 $O(k)$。

证明： 因为最多只有一个进程可以停止在分离器上，所以只需证明每个进程在调用第一个存储操作时，最多只有 $k-1 \leqslant n-1$ 的深度停在某个分离器上，就可以证明正确性。我们证明最多有 $k-i$ 个进程进入深度为 i 的子树(即根与整个树的根的距离为 i 的子树)。根据 k 的定义，在深度为 0(即在二叉树根部)时进入分离器的进程数为 k。对于 $i>1$，该证明通过归纳法得出，因为在深度为 i 的子树根部进入分离器的最多 $k-i$ 个进程中，最多 $k-i-1$ 个进程分别获得 left 和 right。因此，最迟在达到深度 $k-1$ 时，一个进程是唯一进入分离器的进程，因此获得 stop。因此也可以看出，第一次调用存储的步骤复杂度是 $O(k)$。

为了证明收集的步骤复杂度为 $O(k)$，我们首先观察到二叉树的被标记节点是相连的，因此可以只通过读取与之相关的变量 M_S 和它们的邻居来进行遍历。因此，表明二叉树中最多有 $2k-1$ 个节点被标记就足够了。

假设 x_k 是树中被标记的节点的最大数量，其中 k 个进程访问根。我们声明 $x_k \leqslant 2k-1$，这对 $k=1$ 来说是真，因为进入分离器的单个进程总是会计算 stop。现在假设该不等式在 1，…，$k-1$ 成立。并非所有的 k 个进程都可能以 left(或 right)退出分离器，即 $k_l \leqslant k-1$ 进程将转向 left，$k_r \leqslant \min\{k-k_l, k-1\}$ 转向 right。根的左边和右边的子树是它们的子树的根，因此归纳假设可以得到：

$$x_k = x_{k_l} + x_{k_r} + 1 \leqslant (2k_l - 1) + (2k_r - 1) + 1 \leqslant 2k - 1$$

归纳和证明的结论 ■

备注：

- 算法 5.13 的步骤复杂度非常好。很明显，收集操作的步骤复杂度是渐近最优的。然而，为了使该算法工作，我们需要为深度为 $n-1$ 的完全二叉树分配内存。因此，算法 5.13 的空间复杂度是指数级的。接下来我们将看到如何以更差的收集步骤复杂度为代价获得一个多项式的空间复杂度。

5.6　分离器矩阵

我们不在二叉树中安排分离器，而是在一个 $n \times n$ 的矩阵中安排 n^2 个分离器，如图 5.15 所示。该算法与算法 5.13 相类似。矩阵从左上方进入。如果一个进程收到了 left，它接下来就会访问同一列的下一行的分离器。如果一个进程收到了 right，它就会访问同一行下一列的分离器。很明显，这个算法的空间复杂度是 $O(n^2)$。下面的定理给出了存储和收集的步骤复杂度的界限。

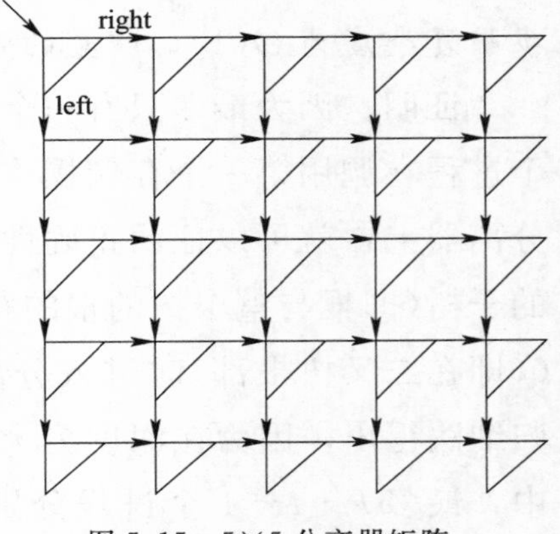

图 5.15　5×5 分离器矩阵

定理 5.16　设 k 是参与进程的数量。进程 p_i 的第一个存储的步骤复杂度为 $O(k)$，p_i 的每个额外存储的步骤复杂度为 $O(1)$，收集的步骤复杂度为 $O(k^2)$。

证明：设最上面的行是第 0 行，最左边的列是第 0 列。假设 x_i 是进入第 i 行的分离器的进程数。通过对 i 的归纳，我们证明 $x_i \leqslant k-i$。显然，$x_0 \leqslant k$。因此，让我们考虑 $i>0$ 的情况。设 j 是最大的一列，以便至少有一个进程访问第 $i-1$ 行和第 j 列的分离器。根据分离器的特性，并非所有进入分离器的第 $i-1$ 行和第 j 列的进程都能获得 left。因此，并不是所有进入第 $i-1$ 行分离器的进程都会转到第 i 行。因为至少有一个进程停留在每一行，我们得到 $x_i \leqslant k-i$。同样，进入第 j 列的进程数量最多为 $k-j$。因此，每个进程最迟在第 $k-1$ 行和第 $k-1$ 列停止，并且标记的分离器的数量最多为 k^2。因此，收集的步骤复杂度最多为 $O(k^2)$。因为分离器矩阵中最长的路径是 $2k$，所以存储的步骤复杂度是 $O(k)$。 ■

备注：

- 通过稍微复杂的论证，可以证明进入分离器的第 i 行和第 j 列的进程数量最多为 $k-i-j$。因此，只需分配 $n \times n$ 矩阵的分离器的左上半部分(包括对角线)即可。
- 二叉树算法可以通过使用一个随机版本的分离器来提高空间效率。每当返回 left 或 right 时，随机分离器以 1/2 的概率返回 left 或 right。在高概率下，分配一棵深度为 $O(\log n)$的二叉树就足够了。
- 最近，有研究表明，通过一个相当复杂的确定性算法，有可能实现 $O(k)$的步骤复杂度和 $O(n^2)$的空间复杂度。

5.7 本章注释

早在 1965 年，Edsger Dijkstra 就给出了互斥的无死锁解决方案[Dij65]。后来，Maurice Herlihy 提出了共识数[Her91]，他证明了共识的普遍性，即共享内存系统的能力由共识数决定。由于这项工作，Maurice Herlihy 在 2003 年被授予 Dijkstra 分布式计算奖。2016 年，Ellen 等人[EGSZ16]表明，关于 Herlihy 的共识数的一些实际直觉是误导性的，因为具有低共识数的指令组可以共同实现高共识数。换句话说，在指令的世界里，整体大于部分之和。Petersons 算法归功于[PF77，Pet81]，而自适应收集则是在一连串的论文[MA95，AFG02，AL05，AKP+06]中研究的。

5.8 参考文献

[AFG02] Hagit Attiya, Arie Fouren, and Eli Gafni. An adaptive collect algorithm with applications. *Distributed Computing*, 15(2):87–96, 2002.

[AKP+06] Hagit Attiya, Fabian Kuhn, C. Greg Plaxton, Mirjam Wattenhofer, and Roger Wattenhofer. Efficient adaptive collect using randomization. *Distributed Computing*, 18(3):179–188, 2006.

[AL05] Yehuda Afek and Yaron De Levie. Space and Step Complexity Efficient Adaptive Collect. In *DISC*, pages 384–398, 2005.

[Dij65] Edsger W. Dijkstra. Solution of a problem in concurrent programming control. *Commun. ACM*, 8(9):569, 1965.

[EGSZ16] Faith Ellen, Rati Gelashvili, Nir Shavit, and Leqi Zhu. A complexity-based hierarchy for multiprocessor synchronization:[extended abstract]. In *Proceedings of the 2016 ACM Symposium on Principles of Distributed Computing*, pages 289–298. ACM, 2016.

[Her91] Maurice Herlihy. Wait-Free Synchronization. *ACM Trans. Program. Lang. Syst.*, 13(1):124–149, 1991.

[MA95] Mark Moir and James H. Anderson. Wait-Free Algorithms for Fast, Long-Lived Renaming. *Sci. Comput. Program.*, 25(1):1–39, 1995.

[Pet81] J.L. Peterson. Myths About the Mutual Exclusion Problem. *Information Processing Letters*, 12(3):115–116, 1981.

[PF77] G.L. Peterson and M.J. Fischer. Economical solutions for the critical section problem in a distributed system. In *Proceedings of the ninth annual ACM symposium on Theory of computing*, pages 91–97. ACM, 1977.

共享对象

假设有一个共享的资源(如一个共享的变量或数据结构),网络中的不同节点需要不时地访问它。如果允许各节点在访问该公共对象时进行更改,我们需要保证没有两个节点能同时访问该对象。为了实现互斥,我们需要一些协议,允许网络的节点存储和管理对这种共享对象的访问。

6.1 集中式解决方案

一个简单且明显的解决方案是将共享对象存储在一个中心位置(见算法 6.1)。

算法 6.1 共享对象:集中式解决方案

初始化:存储在网络图生成树根节点 r 上的共享对象(即每个节点都知道自己在生成树中的父节点)

访问对象:(通过节点 v)

1. v 对树向上发送请求
2. 请求由根 r 处理(原子式地)
3. 结果向下发送到节点 v

备注:

- 人们可以使用路由来代替生成树。
- 算法 6.1 可行,但效率不高。假设对象是由一个节点 v 重复访问的,那么我们就会得到一个很高的消息/时间复杂度。相反,v 可以存储该对象,或者至少是缓存它。但是,万一另一个节点 w 访问该对象,我们可能会遇到一致性问题。
- 另一个想法:访问的节点应该成为该对象的新主人,然后共享对象就变成了移动的。这个想法有几个变种。最简单的版本是像移动 IP 中基于宿主的解决方案(见算法 6.2)。

算法 6.2　共享对象：基于宿主的解决方案

初始化：对象具有每个节点都知道的宿主基地（节点）。所有请求（对共享对象的访问）都通过宿主基地路由

访问对象：（通过节点 v）

1. v 在宿主基地获取一个锁，接收对象

备注：

- 基于宿主的解决方案受到三角路由问题的影响。如果两个邻近的节点轮流访问该对象，所有的流量都要通过可能很远的宿主基地进行路由。

6.2　Arrow 算法

我们现在来看一个协议（称为 Arrow 算法），它总是将共享对象移动到当前访问它的节点，而不产生基于宿主的解决方案中的三角路由问题。该协议在一个预先计算的生成树上运行。假设该生成树的根在共享对象的当前位置。当一个节点 u 想访问共享对象时，它向该对象的当前位置发出查找请求。在搜索该对象时，生成树的边被重定向，以便最终生成树的根在 u（即该对象的新持有人）。该算法的细节由算法 6.3 给出。为了简单起见，我们假设一个节点 u 只有在它目前不是共享对象的持有者并且它已经完成了所有先前的查找请求（即它目前没有在等待接收对象）的情况下才开始查找请求。

算法 6.3　共享对象：Arrow 算法

初始化：对于算法 6.1，我们给出了一棵根生成树。每个节点都有一个指向它的父节点的指针，根节点 r 是它自己的父节点。变量最初存储在 r。对于所有节点 v，v.successor := **null**，v.wait := **false**

在节点 u 开始查找请求

```
1. loop
2.   u 发送 “find by u” 消息给父节点
3.   u.parent := u
4.   u.wait := true
5. end loop
```

当 w 从节点 v 接收到“find by u”消息时

```
6.  loop
7.    if w.parent≠w then
8.       w 发送“find by u”消息给父节点
9.       w.parent := v
10.   else
11.      w.parent := v
12.      if not w.wait then
13.         将变量发送给 u                    // w 保存变量但不再需要它
14.      else
15.         w.successor := u                 // w 尽快发送变量给 u
16.      end if
17.   end if
18. end loop
```

w 接收共享对象时

```
19. 在共享对象上执行操作
20. loop
21.   w.wait := false
22.   if w.successor≠null then
23.      发送变量给 w.successor
24.      w.successor=null
25.   end if
26. end loop
```

备注：

- 算法 6.3 中的父指针只需要用于查找操作。将变量发送到第 13 行的 u 或第 23 行的 w.successor 是通过路由(在生成树或基础网络上)完成的。
- 当我们把父指针画成箭头时，在一个静止的时刻(没有查找操作)，箭头都指向当前持有变量的节点(即树的根在持有变量的节点上)。
- Arrow 算法真正好的地方在于，它可以在一个完全异步和并发的环境中工作(也就是说，在同一时间可以有多个查找请求)。

定理 6.4(Arrow, Analysis) 在一个异步和并发的环境中，查找操作以消息和时间复杂度 D 终止，其中 D 是生成树的直径。

在证明定理 6.4 之前，我们先证明下面这个引理。

引理 6.5 生成树的一条边$\{u, v\}$处于四种状态之一。

1. 从 u 到 v 的指针(边上没有消息，没有 v 到 u 的指针)。
2. 从 u 到 v 的移动中的消息(边上没有指针)。
3. 从 v 到 u 的指针(边上没有消息，没有 u 到 v 的指针)。
4. 从 v 到 u 的移动中的消息(边上没有指针)。

证明： 不失一般性，假设最初边$\{u, v\}$处于状态 1。随着消息到达 u (或者如果 u 开始一个"find by u"的请求)，边会进入状态 2。当 v 收到消息时，v 将其指针指向 u，因此我们处于状态 3。在 v 处的一个新消息(或由 v 发起的一个新请求)会使边回到状态 1。 ■

定理 6.4 的证明 由于查找消息只在静态树上传播，因此只需证明它不会两次穿越一条边。使用反证法，假设有一个第一次查找到的消息 f，它第二次穿越边 $e=\{u, v\}$，并假设 e 是第一个被 f 穿越两次的边。第一次，f 穿越了 e。假设 e 是第一次从 u 穿越到 v。由于我们在一棵树上，第二次，e 必须从 v 穿越到 u。因为 e 是第一条被穿越两次的边，f 必须在访问其他边之前重新访问 e。就在 f 到达 v 之前，边 e 处于状态 2(f 正在移动)和状态 3(它将立即带着指针从 v 到 u 返回)。这与引理 6.5 相矛盾。

备注：

- 寻找一棵好树是一个有趣的问题。我们希望有一棵低伸展、低直径、低度的树，等等。
- 当大量的查找操作同时启动时，Arrow 算法的效果似乎特别好。多数会找到一个"近在咫尺"的节点，因此具有较低的消息/时间复杂度。为了简单起见，我们分析同步系统。

定理 6.6(Arrow, Concurrent Analysis) 令系统是同步的。最初，系统处于静止状态。在时间 0，一组节点 S 发起了一个查找操作。所有查找操作的消息复杂度是 $O(\log|S| \cdot m^*)$，其中 m^* 是基于树的最优(有全局知识)算法的消息复杂度。

简要证明： 设 d 是 S 中任何节点到根的最小距离。在离根的距离为 d 的地方会有一个节点 u_1，它在 d 个时间步骤内到达根，把通往根的路径上

的所有箭头都转向 u_1。找到 u_1 但排在它后面的节点 u_2，无法将系统与没有请求 u_1 的系统区分开来，相反，根最初是位于 u_1 的。u_2 的消息成本因此是生成树上 u_1 和 u_2 之间的距离。通过归纳，总的消息复杂度与收集器从根部开始，然后贪心地收集位于 S 中的节点的令牌(贪心的意思是收集器总是走向最近的令牌)完全一样。贪心地收集令牌在一般情况下不是一个好的策略，因为它在最坏的情况下会穿越同一条边两次以上。渐近最优的算法也可以转化为深度优先搜索的收集范式，每个边最多穿越两次。在计算机科学的另一个领域，把 Arrow 算法称为最近邻 TSP 启发式算法(虽然没有回到起点/根部)，而把最优算法称为 TSP-最优。事实证明，最近邻的开销是对数级的，这就完成了证明。 ■

备注：

- 在一棵不太坏的树上的平均请求集 S 通常会给出一个更好的约束。然而，有一个几乎紧密的 $\log|S|/\log\log|S|$ 最坏情况的例子。
- 最近表明，Arrow 在动态环境下(允许节点在任何时候发起请求)可以做得一样好。特别是动态分析的消息复杂度可以证明只有 $\log D$ 的开销，其中 D 是生成树的直径(注意，对于对数树，开销变成 $\log\log n$)。
- 如果生成树是星形呢？根据定理 6.4，每次查找都会在两个步骤结束！由于最优算法的消息成本也是 1，所以该算法是 2-竞争性的？是的，但由于其高的度，星形中心会出现拥塞。可以证明，拥塞开销最多与生成树的最大度 Δ 成正比，但在星形中，度与节点数是线性关系。
- 思考实验。假设有一棵平衡的二叉生成树——根据定理 6.4，每个操作的消息复杂度是 $2\log n$。因为二叉树的最大度是 3，所以拥塞最多是 3。
- 生成树的选择有好有坏。边 $\{u, v\}$ 的伸展被定义为生成树中 u 和 v 之间的距离。生成树的最大伸展是所有边上的最大伸展。已证明如何构建具有 $O(\log n)$-伸展竞争性的生成树。

如果大多数节点只是想读取共享对象呢？每次都获取一个锁就没有意义了。相反，我们可以使用缓存(见算法 6.7)。

算法 6.7　共享对象：读/写缓存

- 节点可以读或写共享对象。为了简单起见，我们首先假设读或写在时间上没有重叠(对对象的访问是顺序的)
- 节点存储三项：一个指向其中一个邻节点的父指针(就像 Arrow 一样)、每条边的缓存位、加上(可能的)对象的副本
- 最初，对象存储在单个节点 u，所有的父指针都指向 u，所有的缓存位都为假
- 当初始化读操作时，消息会跟随箭头(这次没有反转它们)，直到到达对象的缓存版本。然后沿着返回初始化节点的路径缓存对象的副本，并将访问边的缓存位设置为真
- 在 u 处执行写操作将新值写入本地(在节点 u 处)，然后搜索(跟随父指针并将它们反向指向 u)第一个具有副本的节点。删除副本并跟随(并行地，通过洪泛)所有有缓存标签的边。将父指针指向 u，并移除缓存标签

定理 6.8　算法 6.7 是正确的。更令人惊讶的是，消息复杂度是 3-竞争性的(最多只比最优值差 3 个因子)。

证明：因为根据定义，访问不会重叠，所以只需证明在两次写操作之间是 3-竞争性的。访问节点的顺序是 w_0，r_1，r_2，…，r_k，w_1。在 w_0 之后，对象被存储在 w_0 处，不在其他地方缓存。所有的读取都要花费跨越写 w_0 和所有读取的最小子树 T 的两倍，因为每次读取只到第一个副本。写 w_1 需要花费 T，再加上从 w_1 到 T 的路径 P。由于任何数据管理方案都必须使用至少一次 T 和 P 中的边，而我们的算法最多使用 3 次 T 中的边(最多使用一次 P 中的边)，因此该定理成立。 ■

备注：

- 并发读不是问题，多个并发读和一个写也可以正常工作。
- 并发写呢？为了实现一致性，写需要在写出它们的值之前使缓冲区失效。据称，该策略将变得具有 4-竞争性。
- 这个算法在时间上也有竞争性吗？不尽然。我们所比较的最优算法通常是离线的。这意味着它事先知道整个访问序列。然后，它可以在请求出现之前就对对象进行缓存。
- 基于树的算法通常更简单，但缺点是它们引入了额外的伸展因素。例如，在一个环中，任何树都有伸展 $n-1$，所以总是有一个不好的请求模式。

算法 6.9 共享对象：指针转发

初始化：对象存储在预计算生成树 T 的根 r 处(在 Arrow 算法中，每个节点都有一个指向对象的父指针)

访问对象：(通过节点 u)

1. 跟随父指针到 T 的当前根 r
2. 将对象从 r 发送到 u
3. r.parent ：$=u$； u.parent ：$=u$ // u 是新的根节点

6.3 Ivy 算法

接下来，我们将研究不将通信限制在树上的算法。特别感兴趣的是完全图(clique)的特殊情况。算法 6.9 给出了这种情况的一个简单解决方案。

算法 6.10 共享对象：Ivy

初始化：对象存储在预计算生成树 T 的根 r 处(如前所述，每个节点都有一个指向对象的父指针)。为简单起见，我们假设对对象的访问是顺序的

在节点 u 开始查找请求

访问对象：(通过节点 u)

1. u 向父节点发送“find by u”消息
2. u.parent ：$=u$

v 接收到“find by u”消息后

3. **if** v.parent $=v$ **then**
4. 　将对象发送给 u
5. **else**
6. 　发送“find by u”消息给 v.parent
7. **end if**
8. v.parent ：$=u$ // u 将成为新的根

备注：

- 如果图不完整，可以用路由来寻找根。
- 假设节点排成一个链表。如果我们总是选择链表的第一个节点来获取对象，有消息/时间复杂度 n。新的拓扑结构仍然是一个线性链表。因此，在最坏的情况下，指针转发是不好的。

- 如果边不是先进先出的，甚至可能对于一个运气不好的节点来说，步骤的数量是无限制的。具有这种性质的算法被命名为“不公平”或“不是无等待的”。(例如：最初有一个 4→3→2→1 的列表。4 开始寻找，当 4 的消息通过 3 时，3 自己开始寻找。3 的消息可能先到达 2，然后再到达 1，因此列表的新终点是 2→1→3。一旦 4 的消息通过 2，过程就重新开始。)

指针转发的思想似乎有一个自然的改进。与其简单地将父指针从旧根重定向到新根，不如将寻找消息时访问的路径上的所有节点的父指针重定向到新根。细节由算法 6.10 给出。图 6.11 显示了指针重定向如何影响一棵给定的树(右边的树是由左边树上的节点 x_0 开始的查找请求的结果)。

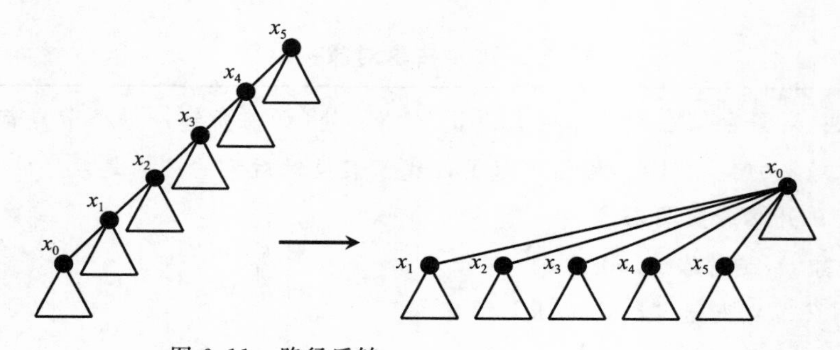

图 6.11　路径反转 x_0，x_1，x_2，x_3，x_4，x_5

备注：

- 同样是算法 6.10，我们可能有一个坏的链表情况。然而，如果列表的开始部分获得了对象，链表就变成了星形。正如下面的定理所示，搜索路径平均来说并不长。由于路径有时会很糟糕，我们将需要进行平摊分析。

定理 6.12　如果初始树是星形，算法 6.10 的查找请求平均最多需要 $\log n$ 步，其中 n 是处理器的数量。

证明： 以下证明中的所有对数都是以 2 为底的。假设对共享对象的访问是顺序的。我们使用一个潜在的函数参数。假设 $s(u)$是根为节点 u 的子树的大小(子树节点数包括 u 本身)。我们将整个树 T 的势 Φ 定义为(V 是所有节点的集合)

$$\Phi(T)=\sum_{u\in V}\frac{\log s(u)}{2}$$

假设第 i 个操作所穿越的路径长度为 k_i，即第 i 个操作将 k_i 个指针重定向到新根。显然，第 i 个操作的步骤数与 k_i 成正比。我们感兴趣的是 m 个连续操作的成本 $\sum_{i=1}^{m}k_i$ 。

假设 T_0 为初始树，T_i 为第 i 次操作后的树。此外，假设 $a_i=k_i-\Phi(T_{i-1})+\Phi(T_i)$是第 i 次操作的平摊成本。我们有

$$\sum_{i=1}^{m}a_i=\sum_{i=1}^{m}(k_i-\Phi(T_{i-1})+\Phi(T_i))=\sum_{i=1}^{m}k_i-\Phi(T_0)+\Phi(T_m)$$

对于任何树 T，我们有 $\Phi(T)\geqslant\log(n)/2$。因为假设 T_0 是星形，我们也有 $\Phi(T_0)=\log(n)/2$。因此，我们得到

$$\sum_{i=1}^{m}a_i\geqslant\sum_{i=1}^{m}k_i$$

因此，只需对每项操作的平摊成本规定上界。我们分析第 i 个操作的平摊成本 a_i。假设 x_0，x_1，x_2，…，x_{k_i} 是被该操作逆转的路径。此外，对于 $0\leqslant j\leqslant k_i$，假设 s_j 为反转前以 x_j 为根的子树的大小。反转后以 x_0 为根的子树的大小为 s_{k_i}，反转后以 x_j 为根的子树的大小为 $s_j-s_{j-1}(1\leqslant j\leqslant k_i)$（见图 6.11）。对于所有其他节点，其子树的大小是相同的，因此相应的项在平摊成本 a_i 中被抵消。于是我们可以把 a_i 写成：

$$\begin{aligned}a_i&=k_i-\left(\sum_{j=0}^{k_i}\frac{1}{2}\log s_j\right)+\left(\frac{1}{2}\log s_{k_i}+\sum_{j=1}^{k_i}\frac{1}{2}\log(s_j-s_{j-1})\right)\\&=k_i+\frac{1}{2}\cdot\sum_{j=0}^{k_i-1}(\log(s_{j+1}-s_j)-\log s_j)\\&=k_i+\frac{1}{2}\cdot\sum_{j=0}^{k_i-1}\log\left(\frac{s_{j+1}-s_j}{s_j}\right)\end{aligned}$$

对于 $0\leqslant j\leqslant k_i-1$，假设 $\alpha_j=s_{j+1}/s_j$。注意，$s_{j+1}>s_j$，因此 $\alpha_j>1$。进一步注意，$(s_{j+1}-s_j)/s_j=\alpha_j-1$。因此，我们有

$$a_i=k_i+\frac{1}{2}\cdot\sum_{j=0}^{k_i-1}\log(\alpha_j-1)$$

$$= \sum_{j=0}^{k_i-1}\left(1+\frac{1}{2}\log(\alpha_j-1)\right)$$

对于 $\alpha>1$，可以证明 $1+\log(\alpha-1)/2\leqslant\log\alpha$（见引理 6.13）。从这个不等式得到：

$$a_i \leqslant \sum_{j=0}^{k_i-1}\log\alpha_j=\sum_{j=0}^{k_i-1}\log\frac{s_{j+1}}{s_j}=\sum_{j=0}^{k_i-1}(\log s_{j+1}-\log s_j)$$
$$=\log s_{k_i}-\log s_0\leqslant\log n$$

因为 $s_{k_i}=n$，$s_0\geqslant 1$。这就完成了证明。■

引理 6.13 对于 $\alpha>1$，$1+\log(\alpha-1)/2\leqslant\log\alpha$。

证明： 该定理可以通过以下推理得到验证。

$$0\leqslant(\alpha-2)^2$$
$$0\leqslant\alpha^2-4\alpha+4$$
$$4(\alpha-1)\leqslant\alpha^2$$
$$\log_2(4(\alpha-1))\leqslant\log_2(\alpha^2)$$
$$2+\log_2(\alpha-1)\leqslant 2\log_2\alpha$$
$$1+\frac{1}{2}\log_2(\alpha-1)\leqslant\log_2\alpha$$

■

备注：

- 系统人员（该算法被称为 Ivy，因为它被用在一个同名的系统中）使用一些新奇的启发式算法来进一步提高性能。例如，根每隔一段时间就会广播它的名字，这样路径就会被缩短。
- 并发请求怎么处理？它与 Arrow 中的参数相同。对于 Ivy 来说，还缺少一个包括拥塞的参数（而且更紧迫的是，因为树的动态拓扑结构不能像 Arrow 那样选择低的度，从而选择低拥塞）。
- 有时，访问的类型允许将几个访问合并为一个访问，以减少树上的拥塞。让算法 6.1 中的树成为一棵平衡二叉树。例如，如果对共享变量的访问是“向共享变量添加值 x”，那么两个或更多的访问如果在一个节点上意外相遇，就可以合并为一个。显然，在异步模型中，意外相遇的情况很少。我们也许可以使用同步器（也许是其他一些计时技巧）来帮助处理一下。

6.4 本章注释

Arrow 协议是由 Raymond[Ray89]设计的。Arrow 协议在现实生活中有一些实际应用，例如 Aleph 工具包[Her99]。在[HW99]中测试了该协议在高负载下的性能，并且[PR99，HTW00]等给出了该协议的其他实现和变化。

已经证明，该协议的查找操作不会回溯，即时间和消息复杂度是 $O(D)$[DH98]，并且 Arrow 协议是容错的[HT01]。给定一组并发请求，Herlihy 等人[HTW01]表明，时间和消息复杂度都在最佳系数 $\log R$ 之内，其中 R 是请求的数量。后来，这一分析被扩展到长寿命和异步系统。特别是，Herlihy 等人[HKTW06]表明，在这种异步并发设置中的竞争比率是 $O(\log D)$。由于贪心的 TSP 启发式的下界，这几乎是很严格的。

Ivy 协议是在[Li88，LH89]中引入的。在理论方面，Ginat 等人[GST89]表明，Ivy 协议的单个请求的平摊成本是 $\Theta(\log n)$。在实践方面，与 Ivy 协议密切相关的工作是关于松散耦合的多处理器上的虚拟内存和并行计算的研究。例如[BB81，LSHL82，FR86]包含对网络模型的变化、进程间数据共享的限制和不同方法的研究。

后来，研究重点转向大多数数据操作为读操作的系统，即高效的缓存成为主要研究对象之一，例如[MMVW97]。

Arrow 和 Ivy 分别为树或团而设计。Arrow 和 Ivy 是可以组合的，因为人们可以选择是否直接指向源头——Arvy 协议是 Arrow 和 Ivy 的泛化[KW19]。最近，其他针对一般网络的高效共享对象协议也被提出[SBS12]。

6.5 参考文献

[BB81] Thomas J. Buckholtz and Helen T. Buckholtz. Apollo Domain Architecture. Technical report, Apollo Computer, Inc., 1981.

[DH98] Michael J. Demmer and Maurice Herlihy. The Arrow Distributed Directory Protocol. In *Proceedings of the 12th International Symposium on Distributed Computing (DISC)*, 1998.

[FR86] Robert Fitzgerald and Richard F. Rashid. The Integration of Virtual Memory Management and Interprocess Communication in Accent. *ACM Transactions on Computer Systems*, 4(2):147–177, 1986.

[GST89] David Ginat, Daniel Sleator, and Robert Tarjan. A Tight Amortized Bound for Path Reversal. *Information Processing Letters*, 31(1):3–5, 1989.

[Her99] Maurice Herlihy. The Aleph Toolkit: Support for Scalable Distributed Shared Objects. In *Proceedings of the Third International Workshop on Network-Based Parallel Computing: Communication, Architecture, and Applications (CANPC)*, pages 137–149, 1999.

[HKTW06] Maurice Herlihy, Fabian Kuhn, Srikanta Tirthapura, and Roger Wattenhofer. Dynamic Analysis of the Arrow Distributed Protocol. In *Theory of Computing Systems, Volume 39, Number 6*, November 2006.

[HT01] Maurice Herlihy and Srikanta Tirthapura. Self Stabilizing Distributed Queuing. In *Proceedings of the 15th International Conference on Distributed Computing (DISC)*, pages 209–223, 2001.

[HTW00] Maurice Herlihy, Srikanta Tirthapura, and Roger Wattenhofer. Ordered Multicast and Distributed Swap. In *Operating Systems Review, Volume 35/1, 2001. Also in PODC Middleware Symposium, Portland, Oregon*, July 2000.

[HTW01] Maurice Herlihy, Srikanta Tirthapura, and Roger Wattenhofer. Competitive Concurrent Distributed Queuing. In *Twentieth ACM Symposium on Principles of Distributed Computing (PODC)*, August 2001.

[HW99] Maurice Herlihy and Michael Warres. A Tale of Two Directories: Implementing Distributed Shared Objects in Java. In *Proceedings of the ACM 1999 conference on Java Grande (JAVA)*, pages 99–108, 1999.

[KW19] Pankaj Khanchandani and Roger Wattenhofer. The Arvy Distributed Directory Protocol. In *31st ACM Symposium on Parallelism in Algorithms and Architectures (SPAA), Phoenix, AZ, USA*, June 2019.

[LH89] Kai Li and Paul Hudak. Memory Coherence in Shared Virtual Memory Systems. *ACM Transactions on Computer Systems*, 7(4):312–359, November 1989.

[Li88] Kai Li. IVY: Shared Virtual Memory System for Parallel Computing. In *International Conference on Parallel Processing*, 1988.

[LSHL82] Paul J. Leach, Bernard L. Stumpf, James A. Hamilton, and Paul H. Levine. UIDs as Internal Names in a Distributed File System. In *Proceedings of the First ACM SIGACT-SIGOPS Symposium on Principles of Distributed Computing (PODC)*, pages 34–41, 1982.

[MMVW97] B. Maggs, F. Meyer auf der Heide, B. Voecking, and M. Westermann. Exploiting Locality for Data Management in Systems of Limited Bandwidth. In *IEEE Symposium on Foundations of Computer Science (FOCS)*, 1997.

[PR99] David Peleg and Eilon Reshef. A Variant of the Arrow Distributed Directory Protocol with Low Average Complexity. In *Proceedings of the 26th International Colloquium on Automata, Languages and Programming (ICALP)*, pages 615–624, 1999.

[Ray89] Kerry Raymond. A Tree-based Algorithm for Distributed Mutual Exclusion. *ACM Transactions on Computer Systems*, 7:61–77, 1989.

[SBS12] Gokarna Sharma, Costas Busch, and Srivathsan Srinivasagopalan. Distributed Transactional Memory for General Networks. In *26th International Parallel and Distributed Processing Symposium (IPDPS), Shanghai, China*, May 2012.

极大独立集

在本章中，我们介绍了本书的一个亮点，即快速极大独立集(MIS)算法。该算法是我们在本书中研究的第一个随机化算法。在分布式计算中，随机化是一个强大的、无处不在的概念，因为它允许相对简单而高效的算法。因此，所研究的算法是典型的。

MIS是分布式计算中的一个基本构件，其他一些问题几乎都是直接从MIS问题中产生的。在本章的最后，我们将给出两个例子：匹配和顶点着色(见第1章)。

7.1 MIS

定义7.1(独立集) 给定一个无向图 $G=(V, E)$，独立集是节点 $U\subseteq V$ 的一个子集，使得 U 中没有两个节点是相邻的。如果没有任何节点可以在不违反独立性的情况下被添加，那么一个独立集就是极大的。一个具有最大基数的独立集被称为最大的。

备注：

- 计算最大独立集(MaxIS)是一个众所周知的困难问题。它等同于互补图上的最大团。这两个问题都是NP-hard，事实上在 $n^{\frac{1}{2}-\epsilon}$ 以内的多项式时间内无法近似。
- 在本书中，我们集中讨论极大独立集(MIS)问题。请注意，MIS和MaxIS可能是完全不同的，事实上，例如在星形图上，存在一个MIS，它的基数是$\Theta(n)$，它比MaxIS小(参见图7.2)。

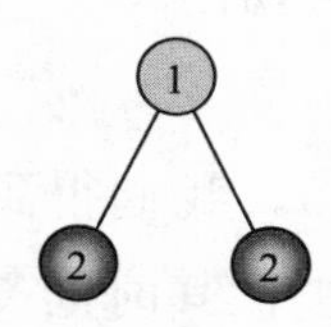

图7.2 具有极大独立集(MIS)和最大独立集(MaxIS)的例图

- 串行计算 MIS 是很简单的：以任意的顺序扫描节点。如果一个节点 u 没有违反独立性，就把 u 添加到 MIS 中。如果 u 违反了独立性，则丢弃 u。因此，唯一的问题是如何以分布式方式计算 MIS。

备注：

- 毫不奇怪，在最坏的情况下，慢速算法并不比串行算法好，因为在任何时候都可能有一个单一的活动点。从形式上看。

算法 7.3　慢速 MIS

要求：节点 ID

每个节点 v 执行以下代码

1. **if** 所有有较大标识的 u 的邻居都决定不加入 MIS **then**
2. 　v 决定加入 MIS
3. **end if**

定理 7.4(算法 7.3 的分析)　算法 7.3 的特点是时间复杂度为 $O(n)$，消息复杂度为 $O(m)$。

备注：

- 这并不是很令人兴奋。
- 独立集和节点着色之间存在着一种关系(第 1 章)，因为每个颜色类都是一个独立集，然而，不一定是 MIS。不过，从着色开始，我们还是可以很容易地推导出 MIS 算法。在第一轮中，所有第一种颜色的节点都加入 MIS 并通知它们的邻居。然后，所有第二种颜色的节点，如果没有已经在 MIS 中的邻居，就加入 MIS 并通知它们的邻居。这个过程对所有的颜色都是重复的。因此，以下推论成立。

推论 7.5　给定一个在时间 T 内运行并需要 C 种颜色的着色算法，我们可以在时间 $T+C$ 内构造一个 MIS。

备注：

- 利用定理 1.23 和推论 7.5，我们得到了一个针对树(以及有界度图)的分布式确定性 MIS 算法，其时间复杂度为 $O(\log^* n)$。
- 通过下界论证，我们可以证明这种确定性的 MIS 算法对于环来说是渐近最优的。

- 然而，人们曾试图将算法 1.17 扩展到更普遍的图上，但至今没有取得很大成功。下面我们提出一个完全不同的方法，即使用随机化。

算法 7.6　快速 MIS

该算法以同步轮为单位，按阶段分组

单阶段如下

1）每个节点 v 用概率 $\frac{1}{2d(v)}$ 标记自己，其中 $d(v)$ 是 v 的当前度

2）如果没有 v 的高阶邻居标记，则节点 v 加入 MIS。如果标记了 v 的高阶邻居，节点 v 将再次取消标记。（如果邻居的度相同，那么关系就会被任意地打破，例如，通过标识）

3）删除所有加入 MIS 的节点及其邻居，因为它们不能再加入 MIS

7.2　原始的快速 MIS

备注：

- 在算法产生独立集的意义上，其正确性相对简单。步骤 1 和步骤 2 确保如果一个节点 v 加入了 MIS，那么 v 的邻居就不会同时加入 MIS。步骤 3 确保 v 的邻居永远不会加入 MIS。
- 同样，该算法最终会产生一个 MIS，因为具有最高度的节点会在步骤 1 的某个时刻标记自己。
- 因此，唯一剩下的问题是该算法终止的速度有多快。为了理解这一点，我们需要更深入地挖掘一下。

引理 7.7（加入 MIS）　一个节点 v 在步骤 2 中加入 MIS 的概率为 $p \geqslant \frac{1}{4d(v)}$。

证明：设 M 是步骤 1 中标记的节点集，MIS 是步骤 2 中加入 MIS 的节点集。假设 $H(v)$ 是 v 的邻居的集合，其具有更高的度，或相同度更高的标识。利用步骤 1 中 v 和 $H(v)$ 中的节点的随机选择的独立性，我们得到：

$$
\begin{aligned}
P[v \notin \text{MIS} \mid v \in M] &= P[\exists \text{ a node } w \in H(v), w \in M \mid v \in M] \\
&= P[\exists \text{ a node } w \in H(v), w \in M]
\end{aligned}
$$

$$\leqslant \sum_{w \in H(v)} P[w \in M] = \sum_{w \in H(v)} \frac{1}{2d(w)}$$
$$\leqslant \sum_{w \in H(v)} \frac{1}{2d(v)} \leqslant \frac{d(v)}{2d(v)} = \frac{1}{2}$$

那么

$$P[v \in \text{MIS}] = P[v \in \text{MIS} \mid v \in M] \cdot P[v \in M] \geqslant \frac{1}{2} \cdot \frac{1}{2d(v)}$$ ■

引理 7.8(好节点) 当

$$\sum_{w \in N(v)} \frac{1}{2d(w)} \geqslant \frac{1}{6}$$

节点 v 被称为好节点，否则我们称 v 为坏节点，其中 $N(v)$是 v 的邻居集合。一个好节点将在步骤 3 中被移除，概率为 $p \geqslant \frac{1}{36}$。

证明： 设节点 v 是好节点。直观地说，好节点有很多低度邻居，因此其中一个进入独立集的概率很高，在这种情况下，v 将在算法的步骤 3 中被移除。

如果有一个邻居 $w \in N(v)$，度最多为 2，我们就完成了：根据引理 7.7，节点 w 加入 MIS 的概率至少为$\frac{1}{8}$，而好节点将在步骤 3 中被移除。

因此，我们需要担心的是，所有的邻居的度都至少为 3：对于 v 的任何邻居 w，我们有$\frac{1}{2d(w)} \leqslant \frac{1}{6}$。因为 $\sum_{w \in N(v)} \frac{1}{2d(w)} \geqslant \frac{1}{6}$，存在一个邻居 $S \subseteq N(v)$的子集，使得 $\frac{1}{6} \leqslant \sum_{w \in S} \frac{1}{2d(w)} \leqslant \frac{1}{3}$。

我们现在可以约束节点 v 被移除的概率。因此，假设 R 为 v 被移除的事件。同样，如果 v 的一个邻居在步骤 2 中加入了 MIS，那么节点 v 将在步骤 3 中被移除。

我们有：

$$P[R] \geqslant P[\text{there is a node } u \in S,\ u \in \text{MIS}]$$
$$\geqslant \sum_{u \in S} P[u \in \text{MIS}] - \sum_{u,\ w \in S;\ u \neq w} P[u \in \text{MIS} \textbf{ and } w \in \text{MIS}]$$

对于最后一个不等式，我们使用了在二阶项之后截断的包容-排斥原则。假设 M 再次成为步骤 1 之后的标记节点集。利用 $P[u\in M]\geqslant P[u\in \text{MIS}]$，我们得到：

$$\begin{aligned}P[R] &\geqslant \sum_{u\in S}P[u\in \text{MIS}]-\sum_{u,\ w\in S;\ u\neq w}P[u\in M \textbf{ and } w\in M]\\ &\geqslant \sum_{u\in S}P[u\in \text{MIS}]-\sum_{u\in S}\sum_{w\in S}P[u\in M]\cdot P[w\in M]\\ &\geqslant \sum_{u\in S}\frac{1}{4d(u)}-\sum_{u\in S}\sum_{w\in S}\frac{1}{2d(u)}\frac{1}{2d(w)}\\ &\geqslant \sum_{u\in S}\frac{1}{2d(u)}\left(\frac{1}{2}-\sum_{w\in S}\frac{1}{2d(w)}\right)\geqslant\frac{1}{6}\left(\frac{1}{2}-\frac{1}{3}\right)=\frac{1}{36}\end{aligned}$$

■

备注：

- 如果我们能证明在每个阶段都有许多节点是好节点，我们就几乎完成了。不幸的是，情况并非如此：例如，在星形图中，只有一个节点是好节点。我们需要找到一个解决方法。

引理 7.9(好边) 如果 u 和 v 都是坏的，那么边 $e=(u, v)$ 被称为坏边；否则该边被称为好边。以下情况成立：在任何时候，至少有一半的边是好边。

证明： 为了证明这一点，我们构建一个有向辅助图。将每条边指向度较高的节点(如果两个节点有相同的度，则指向较大的标识)。现在我们需要一个小的辅助引理，然后才能继续证明。 ■

引理 7.10 一个坏节点的出度(outdegree，指向远离坏节点的边的数量)至少是其入度(indegree，指向坏节点的边的数量)的两倍。

证明： 采用反证法，假设一个坏节点 v 没有至少两倍于它的入度的出度。换句话说，至少有 1/3 的邻居节点(我们称它们为 S)的度最多为 $d(v)$。但此时：

$$\sum_{w\in N(v)}\frac{1}{2d(w)}\geqslant\sum_{w\in S}\frac{1}{2d(w)}\geqslant\sum_{w\in S}\frac{1}{2d(v)}\geqslant\frac{d(v)}{3}\frac{1}{2d(v)}=\frac{1}{6}$$

这意味着 v 是好节点，这是矛盾的。 ■

继续证明引理 7.9：根据引理 7.10，指向坏节点的边的数量最多就是离开坏节点的边的数量的一半。因此，指向坏节点的边的数量最多就是边的数量的一半。因此，至少有一半的边是指向好节点的。由于这些边不是坏的，它们一定是好的。

引理 7.11(算法 7.6 的分析) 算法 7.6 在预期时间 $O(\log n)$ 内终止。

证明： 根据引理 7.8，一个好节点(因此也是一个好边)将以恒定的概率被移除。由于至少有一半的边是好边(引理 7.9)，所以在每个阶段都会有恒定比例的边被移除。

更正式地说，根据引理 7.8 和引理 7.9，我们知道至少有一半的边将以至少 1/36 的概率被移除。设 R 为某一阶段要移除的边的数量。利用期望的线性(参见定理 7.13)，我们知道 $\mathbb{E}[R] \geqslant m/72$，$m$ 是该阶段开始时的边的总数。现在假设 $p := P[R \leqslant \mathbb{E}[R]/2]$。界定期望得到：

$$\begin{aligned}\mathbb{E}[R] &= \sum_{r} P[R = r] \cdot r \\ &\leqslant P[R \leqslant \mathbb{E}[R]/2] \cdot \mathbb{E}[R]/2 + P[R > \mathbb{E}[R]/2] \cdot m \\ &= p \cdot \mathbb{E}[R]/2 + (1 - p) \cdot m\end{aligned}$$

求解 p 我们得到：

$$p \leqslant \frac{m - \mathbb{E}[R]}{m - \mathbb{E}[R]/2} < \frac{m - \mathbb{E}[R]/2}{m} \leqslant 1 - 1/144$$

换句话说，以至少 1/144 的概率，在一个阶段中至少有 $m/144$ 条边被移除。在预期的 $O(\log m)$ 阶段之后，所有的边都被移除了。由于 $m \leqslant n^2$，因此 $O(\log m) = O(\log n)$，该定理得证。 ■

备注：

- 通过更多的数学运算，我们甚至可以证明算法 7.6 大概率地在 $O(\log n)$ 时间内终止。

7.3 快速 MIS v2

算法 7.12 快速 MIS v2

该算法以同步轮为单位，按阶段分组

单阶段

1) 每个节点 v 随机选择一个值 $r(v) \in [0, 1]$，并将其发送给它的邻居

2) 如果 $r(v) < r(w)$ 对于 $w \in N(v)$ 的所有邻居，节点 v 进入 MIS 并通知它的

邻居

3）如果 v 或 v 的邻居进入 MIS，v 终止（v 和 v 的所有邻接边从图中移除），否则 v 进入下一阶段

备注：

- 在算法产生独立集的意义上，正确性是简单的。步骤 1 和步骤 2 确保如果一个节点 v 加入了 MIS，那么 v 的邻居就不会同时加入 MIS。步骤 3 确保 v 的邻居永远不会加入 MIS。
- 同样，该算法最终会产生一个 MIS，因为具有全局最小值的节点总是会加入 MIS，因此会有进展。
- 因此，唯一剩下的问题是该算法终止的速度有多快。为了理解这一点，我们需要更深入地挖掘。
- 我们的证明将建立在对可能不独立的随机变量的期望值的简单而有力的观察上。

定理 7.13（期望值的线性） 假设 X_i，$i=1$，…，k 表示随机变量，则

$$\mathbb{E}\Big[\sum_i X_i\Big]=\sum_i \mathbb{E}[X_i]$$

证明： 对于两个随机变量 X 和 Y，只需证明 $\mathbb{E}[X+Y]=\mathbb{E}[X]+\mathbb{E}[Y]$就足够了，因为这样就可以通过归纳法得到陈述。由于

$$\begin{aligned}P[(X,Y)=(x,y)]&=P[X=x]\cdot P[Y=y\,|\,X=x]\\&=P[Y=y]\cdot P[X=x\,|\,Y=y]\end{aligned}$$

我们得到

$$\begin{aligned}\mathbb{E}[X+Y]&=\sum_{(X,Y)=(x,y)} P[(X,Y)=(x,y)]\cdot(x+y)\\&=\sum_{X=x}\sum_{Y=y}P[X=x]\cdot P[Y=y\,|\,X=x]\cdot x+\\&\quad\sum_{Y=y}\sum_{X=x}P[Y=y]\cdot P[X=x\,|\,Y=y]\cdot y\\&=\sum_{X=x}P[X=x]\cdot x+\sum_{Y=y}P[Y=y]\cdot y\\&=\mathbb{E}[X]+\mathbb{E}[Y]\end{aligned}$$

■

备注：

- 我们如何证明该算法在期望中只需要 $O(\log n)$ 个阶段？如果这个算法能够在每个阶段移除恒定比例的节点，那就太好了。不幸的是，它没有做到。
- 相反，我们将证明边的数量会迅速减少。同样，如果任何一条边在步骤 3 中以恒定的概率被移除，那就太好了。但同样，不幸的是，情况并非如此。
- 也许我们可以讨论一下在一个单一阶段被移除的边的期望数量？让我们来看看。节点 v 进入 MIS 的概率为 $1/(d(v)+1)$，其中 $d(v)$ 是节点 v 的度。通过这样做，不仅 v 的边被移除，而且 v 的邻居的所有边也被移除——通常这些边要比 $d(v)$ 边多得多。所以有希望，但我们需要小心。如果我们用最简单的方式来做，我们会多次计算同一条边。
- 我们怎样才能解决这个问题呢？好的观察是，只计算一些被移除的边就足够了。给定一个新的 MIS 节点 v 和一个邻居 $w \in N(v)$，我们只在 $r(v)<r(x)$ 对所有 $x \in N(w)$ 的情况下计算边。这看起来很有希望。例如，在一个星形图中，只有最小的随机值可以算作移除星形的所有边。

引理 7.14(边移除)　*在一个阶段中，我们至少移除期望中一半的边。*

证明： 为了简化符号，在阶段的开始，图只是 $G=(V, E)$。此外，为了便于表述，我们用两条有向边 (v, w) 和 (w, v) 代替每条无向边 $\{v, w\}$。

假设一个节点 v 在这个阶段加入了 MIS，即对于所有邻居 $w \in N(v)$，$r(v)<r(w)$。另外，如果我们对 v 的邻居 w 的所有邻居 x 有 $r(v)<r(x)$，我们称这个事件为 $(v \rightarrow w)$。事件 $(v \rightarrow w)$ 的概率至少是 $1/(d(v)+d(w))$，因为 $d(v)+d(w)$ 是与 v 或 w（或两者）相邻节点的最大数量。当 v 加入 MIS 时，所有 $x \in N(w)$ 的（有向）边 (w, x) 将被移除；这些边有 $d(w)$ 条。

我们现在计算被移除的边。我们是否因为事件 $(v \rightarrow w)$ 而移除与 w 相邻的边是一个随机变量 $X_{(v \rightarrow w)}$。如果事件 $(v \rightarrow w)$ 发生，$X_{(v \rightarrow w)}$ 的值为 $d(w)$，如果没有，它的值为 0。对于每条无向边 $\{v, w\}$ 我们有两个这样的变量，$X_{(v \rightarrow w)}$ 和 $X_{(w \rightarrow v)}$。由于定理 7.13，所有这些随机变量之和 X 的

期望值至少是：

$$\begin{aligned}\mathbb{E}[X] &= \sum_{\{v,\ w\}\in E} \mathbb{E}[X_{(v\to w)}] + \mathbb{E}[X_{(w\to v)}] \\ &= \sum_{\{v,\ w\}\in E} P[\text{Event}(v \to w)] \cdot d(w) + P[\text{Event}(w \to v)] \cdot d(v) \\ &\geqslant \sum_{\{v,\ w\}\in E} \frac{d(w)}{d(v)+d(w)} + \frac{d(v)}{d(w)+d(v)} \\ &= \sum_{\{v,\ w\}\in E} 1 = |E|\end{aligned}$$

换句话说，在期望$|E|$个有向边在一个阶段内就被移除了。请注意，我们没有重复计算任何边的移除，因为一条有向边(w, x)只能被一个事件$(v\to w)$移除。事件$(v\to w)$抑制了一个并发的事件$(v'\to w)$，因为对于所有$v'\in N(w)$来说，$r(v)<r(v')$。我们可能最多计算了一条无向边两次(每个方向一次)。因此，在期望中，至少有一半的无向边被移除。 ■

备注：

- 这使我们能够很容易地对算法 7.12 的预期运行时间进行约束。

定理 7.15(算法 7.12 的预期运行时间) *算法 7.12 最多经过 $3\log_{4/3}m+1\in O(\log n)$个阶段就会终止。*

证明：在一个阶段中，至少有 1/4 的边被移除的概率至少是 1/3。采用反证法，假设不是。那么，在概率小于 1/3 的情况下，我们可能很幸运，许多(可能是所有)边被移除。在概率大于 2/3 的情况下，只有不到 1/4 的边被移除。因此，被移除的边的预期比例严格小于 $1/3\cdot 1+2/3\cdot 1/4=1/2$。这与引理 7.14 相矛盾。

因此，在期望值中，至少每三个阶段都是“好的”，并且至少移除了 1/4 的边。为了移除除两条边以外的所有边，我们需要在预期中的 $\log_{4/3}m$ 个好阶段。最后两条边肯定会在下一个阶段被移除。因此，总共有 $3\log_{4/3}m+1$ 个阶段是足够的。 ■

备注：

- 有时人们对一个算法的期望值更高。不仅预期的终止时间要好，而且算法应该总是快速终止。由于这在随机算法中是不可能的(毕竟，随机选择可能一直是“不走运的”)，研究人员往往会选择妥协，只要求算法在指定时间内没有终止的概率可以小得离谱。对于我们的算法来说，这可以由引理 7.14 和另一个标准工具，即 Chernoff 约束推导出来。

定义 7.16(具有高概率) 我们说一个算法在 $O(t)$时间内以高概率终止，如果它在任何 $c \geqslant 1$ 的选择下都能以至少 $1\text{-}1/n^c$ 的概率终止。这里的 c 可能会影响大 O 中的常数，因为它被认为是一个可调整的常数，通常保持较小。

定义 7.17(Chernoff 约束) 设 $X=\sum_{i=1}^{k} X_i$ 是 k 个独立的 0-1 随机变量的总和。那么，Chernoff 约束指出，以最大概率：

$$|X-\mathbb{E}[X]| \in O(\log n+\sqrt{\mathbb{E}[X]\log n})$$

推论 7.18(算法 7.12 的运行时间) 算法 7.12 以最大概率在 $O(\log n)$ 时间内终止。

证明： 在定理 7.15 中，我们使用了独立于之前发生的一切，在每个阶段我们有一个恒定的概率 p，使得 1/4 的边被移除。称这样的阶段为好阶段。对于一些常数 C_1 和 C_2，让我们检查在 $C_1\log n+C_2 \in O(\log n)$阶段之后，有多少阶段至少有 1/4 的边被移除。在预期中，这些至少是 $p(C_1\log n+C_2)$个。现在我们看一下随机变量 $X=\sum_{i=1}^{C_1\log n+C_2} X_i$，其中 X_i 是独立的 0-1 变量，值为 1 的概率为 p。当然，如果 X 至少是 x，有一定的概率，那么我们有 x 个好的阶段的概率只能是更大的(如果没有留下任何边，当然所有的剩余边都被移除)。对 X 我们可以应用 Chernoff 约束。如果 C_1 和 C_2 选得足够大，它们将克服 Chernoff 约束中的大 O 常数，也就是说，以最大概率认为$|X-\mathbb{E}[X]| \leqslant \mathbb{E}[X]/2$，意味着 $X \geqslant \mathbb{E}[X]/2$。选择足够大的 C_1，我们将有足够多的好阶段，即算法以最大概率在$O(\log n)$个阶段内终止。 ■

备注：

- 该算法可以被改进。例如，在每个阶段抽取随机实数是没有必要的。我们可以通过在每条边上只发送总共 $O(\log n)$个随机(和同样多的非随机)位来实现同样的效果。
- 分布式计算中的一个主要的开放性问题是，人们是否可以击败这个对数时间，或者至少用一个确定性的算法来实现它。
- 接下来让我们把注意力转向 MIS 的应用。

7.4 应用

定义 7.19(匹配) 给定一个图 $G=(V, E)$，一个匹配是一条边 $M\subseteq E$ 的子集，使得 M 中没有两条边是相邻的(也就是说，没有节点与匹配中的两条边相邻)。如果没有一条边可以在不违反上述约束的情况下被添加，那么一个匹配就是极大的。一个最大基数的匹配被称为最大。如果每个节点都与匹配中的一条边相邻，则该匹配被称为完美匹配。

备注：

- 与 MaxIS 相比，最大匹配可以在多项式时间内找到，而且也很容易近似，因为任何极大匹配都是 2-近似的。
- 独立集算法也是一种匹配算法。假设 $G=(V, E)$是我们想要构建匹配的图。线图 G'定义如下：对于 G 中的每一条边，G'中都有一个节点；如果 G 中的两个节点各自的边是相邻的，则 G'中的两个节点由一条边连接。线图 G'中的一个(极大)独立集就是原图 G 中的一个(极大)匹配，反之亦然。使用算法 7.12 直接产生 $O(\log n)$ 的极大匹配约束。
- 更重要的是，我们的 MIS 算法也可以用于顶点着色(问题 1.1)。

算法 7.20 通常的图片着色

1. 给定一个图 $G=(V, E)$，我们实际上构建一个图 $G'=(V', E')$如下所示
2. 每个节点 $v\in V$ 复制自己 $d(v)+1$ 次(v_0, …, $v_{d(v)}\in V'$)，$d(v)$是 G 中 v 的度
3. G'的边集 E'如下
4. 首先，所有复制体都在一个小派系中：$(v_i, v_j)\in E'$，对于所有 $v\in V$ 和所有 $0\leqslant i<j\leqslant d(v)$
5. 其次，原始图 G 中所有邻居的第 i 个复制体都是连通的：$(u_i, v_i)\in E'$，对于所有$(u, v)\in E$ 和所有 $0\leqslant i\leqslant \min(d(u), d(v))$
6. 现在我们简单地运行(模拟)G'中快速 MIS 算法[7.12]
7. 如果节点 v_i 在 G'的 MIS 中，那么节点 v 的颜色是 i

定理 7.21(算法 7.20 的分析) 算法 7.20 在 $O(\log n)$时间内对任意图进行$(\Delta+1)$着色，概率很高，Δ 是图中最大的度。

证明： 由于复制体之间的团，最多只有一个复制体在MIS中。由于节点v的$d(v)+1$个复制体，每个节点都会得到一个自由的颜色！运行时间仍然是对数，由于G'有节点，而且在应用对数时，指数成为一个常数。■

备注：

- 这就解决了我们在1.1节中的开放性问题。
- 与推论7.5一起，我们发现了$(\Delta+1)$着色和MIS问题之间相当紧密的联系。
- 计算MIS也解决了另一个关于有界独立的图问题。

定义7.22(有界独立)　如果对于每个节点$v\in V$，邻域$N(v)$中最大的独立集被一个常数所约束，则$G=(V, E)$是有界独立的。

定义7.23((最小)支配集)　支配集是一个节点的子集，使得每个节点都在该集合中或与该集合中的一个节点相邻。最小支配集是包含最少的节点的支配集。

备注：

- 一般来说，找到一个小于因子$\log n$的支配集同时比最小支配集大是NP-hard的。
- 任何MIS都是支配集：如果一个节点没有被覆盖，它可以加入独立集。
- 一般来说，MIS和最小支配集没有太多的共同点(想想一个星形)。对于有界独立的图，情况就不同了。

推论7.24　在有界独立图上，可以最大概率在$O(\log n)$的时间内找到最小支配集的常数因子近似值。

证明： 用M表示一个最小支配集，用I表示一个MIS。由于M是一个支配集，I中的每个节点都在M中或与M中的一个节点相邻。由于图是有界独立的，M中的任何节点与I中的许多节点都相邻。因此$|I|\in O(|M|)$。因此，我们可以用算法7.12计算一个MIS，并将其作为支配集输出，最大概率需要$O(\log n)$轮。■

7.5　本章注释

正如我们所看到的，MIS可以以多种方式应用。事实上，曾经有人认为，苍蝇的细胞通过计算MIS来决定在哪里长毛[AAB+11]。快速MIS

算法是 Luby[Lub86]算法的一个简化版本。大约在同一时间，还有一些其他的论文处理相同或相关的问题，例如 Alon、Babai 和 Itai[ABI86]或者 Israel 和 Itai[II86]。第 7.2 节中的分析吸收了所有这些论文的元素，以及其他关于分布式加权匹配的论文[WW04]。David Peleg 的书[Pel00]中的分析是不同的，只达到了 $O(\log^2 n)$的时间。第 7.3 节的新 MIS 变体(有更简单的分析)是由 Métivier、Robson、Saheb-Djahromi 和 Zemmari[MRS-DZ11]提出的。通过一些调整，算法[Lub86，MRSDZ11]只需要在每个节点上交换总共 $O(\log n)$位，这是渐近最优的，即使是在无向树上[KSOS06]。然而，MIS 的分布式时间复杂度仍然有些开放，因为最强的下界是 $\Omega(\sqrt{\log n})$或 $\Omega(\log \Delta)$[KMW04]。最近关于 MIS 问题的研究集中在改善特殊图类的 $O(\log n)$时间复杂度上，例如增长受限图[SW08]或树[LW11]。也有一些结果取决于图的度[BE09，Kuh09]。确定性的 MIS 算法离下界还很远，因为最好的确定性 MIS 算法需要 $2^{O(\sqrt{\log n})}$ 的时间[PS96]。说明中提到的最大匹配算法是 Jack Edmonds 的 blossom 算法。

7.6 参考文献

[AAB+11] Yehuda Afek, Noga Alon, Omer Barad, Eran Hornstein, Naama Barkai, and Ziv Bar-Joseph. A Biological Solution to a Fundamental Distributed Computing Problem. volume 331, pages 183–185. American Association for the Advancement of Science, January 2011.

[ABI86] Noga Alon, László Babai, and Alon Itai. A Fast and Simple Randomized Parallel Algorithm for the Maximal Independent Set Problem. *J. Algorithms*, 7(4):567–583, 1986.

[BE09] Leonid Barenboim and Michael Elkin. Distributed (delta+1)-coloring in linear (in delta) time. In *41st ACM Symposium On Theory of Computing (STOC)*, 2009.

[II86] Amos Israeli and Alon Itai. A Fast and Simple Randomized Parallel Algorithm for Maximal Matching. *Inf. Process. Lett.*, 22(2):77–80, 1986.

[KMW04] F. Kuhn, T. Moscibroda, and R. Wattenhofer. What Cannot Be Computed Locally! In *Proceedings of the 23rd ACM Symposium on Principles of Distributed Computing (PODC)*, July 2004.

[KSOS06] Kishore Kothapalli, Christian Scheideler, Melih Onus, and Christian Schindelhauer. Distributed coloring in $O(\sqrt{\log n})$ Bit Rounds. In *20th international conference on Parallel and Distributed Processing (IPDPS)*, 2006.

[Kuh09] Fabian Kuhn. Weak graph colorings: distributed algorithms and applications. In *21st ACM Symposium on Parallelism in Algorithms and Architectures (SPAA)*, 2009.

[Lub86] Michael Luby. A Simple Parallel Algorithm for the Maximal Independent Set Problem. *SIAM J. Comput.*, 15(4):1036–1053, 1986.

[LW11] Christoph Lenzen and Roger Wattenhofer. MIS on trees. In *PODC*, pages 41–48, 2011.

[MRSDZ11] Yves Métivier, John Michael Robson, Nasser Saheb-Djahromi, and Akka Zemmari. An optimal bit complexity randomized distributed MIS algorithm. *Distributed Computing*, 23(5-6):331–340, 2011.

[Pel00] David Peleg. *Distributed Computing: a Locality-Sensitive Approach.* Society for Industrial and Applied Mathematics, Philadelphia, PA, USA, 2000.

[PS96] Alessandro Panconesi and Aravind Srinivasan. On the Complexity of Distributed Network Decomposition. *J. Algorithms*, 20(2):356–374, 1996.

[SW08] Johannes Schneider and Roger Wattenhofer. A Log-Star Distributed Maximal Independent Set Algorithm for Growth-Bounded Graphs. In *27th ACM Symposium on Principles of Distributed Computing (PODC), Toronto, Canada*, August 2008.

[WW04] Mirjam Wattenhofer and Roger Wattenhofer. Distributed Weighted Matching. In *18th Annual Conference on Distributed Computing (DISC), Amsterdam, Netherlands*, October 2004.

本地下界

在第1章中，我们讨论了分布式算法中的着色问题。值得注意的是，我们可以看到对于环和有根树可以在 $\log^* n+O(1)$轮后被3种颜色着色。

8.1 模型

在本章中，我们将重新考虑分布式着色问题。我们将寻找一个经典下界，它与第1章的结论是紧密联系的：对环(和有根树)进行着色需要经过 $\Omega(\log^* n)$轮。特别地，我们将在以下条件中证明着色所需轮数的下界：

- 我们只考虑确定性、同步的算法。
- 消息大小和本地计算量是无限制的。
- 我们假设网络是一个具有 n 个节点的有向环路。
- 节点具有从1到 n 的唯一标签(标识)。

备注：

- 将此下界推广到随机算法是可行的。
- 除了受限制的确定性算法以外，上述所有条件都将使下界适用范围更广：同步算法中的任何下界当然也适用于异步算法。如果消息大小和本地计算量不受限制，则此下界结论是正确的，如果我们限制了消息大小或本地计算量的上界，此结论显然也是有效的。类似地，假设这是一个有向环，并且节点从1到 n 标签(而不是从更一般的域中选择ID)也验证了下界的正确性。
- 我们不直接证明通过3种颜色对环着色需要 $\Omega(\log^* n)$轮，而是证明一个更一般化的结论。我们将考虑具有时间复杂度 r(r 为任意值)的确定性算法，并推导出通过 r 轮算法正确地为 n 个节点的环着色所需颜色数的下界。使用3种颜色着色的下界可以通过选取最小的 r 来推导，即对于一个 r 轮算法需要3种或更少的颜色即可完成着色。

8.2 本地性

让我们来看看更一般的分布式算法(即不只针对着色和环问题)。假设在最开始，所有节点只知道它们自己的标签(标识)和可能的一些额外输入。由于信息需要至少 r 轮才能传递到 r 跳之后的节点，在经过 r 轮后，一个节点 v 最多只能获得距离为 r 的其他节点的信息。如果不受消息大小和本地计算量的限制，实际上不难看出，在第 r 轮中，一个节点 v 可以准确地获得距离 r 内的所有节点标签和输入。如引理 8.2 表示，可以将每个确定性的 r 轮同步算法转化为一个简单的规范形式。

算法 8.1　同步算法：Canonical 形式

1. r 轮：向距离最大为 r 的节点发送完整的初始状态
2. 　　　　　　// 先进行所有的通信
3. 根据 r-邻域的完整信息计算输出
4. 　　　　　　// 最后完成所有的计算

引理 8.2　如果消息大小和本地计算量没有限制，那么每一个确定性的 r 轮同步算法都可以转化成算法 8.1 给出的形式(即可以先进行 r 轮通信，最后再完成所有的计算)。

证明：考虑任意一个 r 轮算法 $\mathcal{A}$，我们要证明 $\mathcal{A}$ 可以用算法 8.1 给出的规范形式表示。首先，我们使所有节点进行 r 轮通信。假设在每一轮中，每个节点都将它的完整状态信息发送给它的所有邻居节点(假设对于消息大小没有限制)。通过归纳，经过 i 轮通信之后，每个节点都可以知道距离不超过 i 的所有其他节点的初始状态。因此，经过 r 轮后，节点 v 可以得知其 r-邻域内所有节点的初始状态。我们要证明可以通过在本地模拟算法 $\mathcal{A}$ 来计算节点 v 在算法 $\mathcal{A}$ 执行的 r 轮通信中接收到的所有消息。■

具体来说，我们可以用归纳法证明以下结论。所有节点到 v 的距离最多为 $r-i+1$，节点 v 可以计算出算法 $\mathcal{A}$ 在前 i 轮执行中得出的所有消息，注意，这意味着 v 可以计算出在 r 轮中从它的邻居节点接收到的所有消息。由于 v 知道 r-邻域内所有其他节点的初始状态，所以 v 可以清楚地计算出第一轮过后的所有消息(即对于 $i=1$，此结论是正确的)。现在我们考虑从第 i 轮到第 $i+1$ 轮的归纳步骤。根据归纳假设，v 可以获得其$(r-i+1)$-邻域内前 i 轮所有节点的消息。因此，它可以计算出前 i 轮中$(r-i)$-邻域内的节点接收到的所有消息。而这正是计算$(r-i)$-邻域内第 $i+1$ 轮节点的消息所需要的。

备注：

- 将此规范形式推广到随机算法很容易：对于每个节点首先计算出它在整个算法中需要的所有随机位。随机位是一个节点初始状态的一部分。

定义 8.3（r 跳视图） 我们称节点 v 的 r-邻域内所有节点的初始状态集合为 v 的 r 跳视图。

备注：

- 假设在最初，每个节点都知道自身的度、标签（标识）和可能的一些额外输入。节点 v 的 r 跳视图包括 r-邻域的完整拓扑（不包括与其距离为 r 的节点之间的连边）和 r-邻域中所有节点的标签和额外输入。

根据 r 跳视图的定义，引理 8.2 的推论如下：

推论 8.4 一个确定性的 r 轮算法 $\mathcal{A}$ 是一个可以将每种可能的 r 跳视图映射到一个可能的输出集的函数。

证明： 根据定理 8.2，我们知道可以将算法 $\mathcal{A}$ 转化成算法 8.1 给出的规范形式。经过 r 轮通信，每个节点 v 都可以确定它的 r 跳视图，而此信息足以计算出节点 v 的输出。 ■

备注：

- 注意，上述推论意味着，对于每一个 r 轮算法，具有相同 r 跳视图的两个节点必须得出相同的输出。
- 对于着色算法，节点 v 的唯一输入是它的标签。因此，一个节点的 r 跳视图就是它所标记的 r 跳邻域。
- 如果我们只考虑环路问题，r 跳邻域就显得很简单。在一个有向环中，节点 v 所标记的 r 跳邻域（以及 r 跳视图）可以被简化成一个 $(2r+1)$ 元组 $(\ell_{-r}, \ell_{-r+1}, \cdots, \ell_0, \cdots, \ell_r)$，其中不同的节点标签不同，$v$ 的标签是 ℓ_0。假设对于任意的 $i>0$，ℓ_i 表示节点 v 第 i 个顺时针方向邻居的标签并且 ℓ_{-i} 表示节点 v 第 i 个逆时针方向邻居的标签。因此一个针对有向环的确定性着色算法是一个映射 $(2r+1)$ 元组的节点标签到颜色的函数。
- 考虑两个 r 跳视图 $\mathcal{V}_r=(\ell_{-r}, \cdots, \ell_r)$ 和 $\mathcal{V}'_r=(\ell'_{-r}, \cdots, \ell'_r)$，如果对于 $-r\leqslant i\leqslant r-1$ 满足 $\ell'_i=\ell_{i+1}$ 并且对于 $-r\leqslant i\leqslant r$ 满足 $\ell'_r\neq\ell_i$，r

跳视图 $\mathcal{V}_r'$ 是节点对应的 r 跳视图 $\mathcal{V}_r$ 顺时针方向的邻居，因此，每个计算有效着色的算法 $\mathcal{A}$ 都需要为 $\mathcal{V}_r$ 和 $\mathcal{V}_r'$ 分配不同的颜色。否则，就会存在一个环路标记使得 $\mathcal{A}$ 为相邻的两个节点分配相同的颜色。

8.3 邻域图

接下来我们使上述有关环路着色的问题表述得更加正式一些。我们会使用略微不同的方式，而不是仅仅将 r 轮着色算法看作是从所有可能的 r 跳视图中得到着色结果的函数。有趣的是，理解分布式着色算法的问题本身可以看作是一个经典的图论着色问题。

定义 8.5(邻域图) 对于给定的网络图族 $\mathcal{G}$，其 r 邻域图 $\mathcal{N}_r(\mathcal{G})$ 的定义如下：$\mathcal{N}_r(\mathcal{G})$ 中的节点集是所有可能标记邻域(即所有可能的 r 跳视图)中点的集合。如果 $\mathcal{V}_r$ 和 $\mathcal{V}_r'$ 是 $\mathcal{G}$ 中任意图的两个相邻节点的 r 跳视图，则 $\mathcal{V}_r$ 和 $\mathcal{V}_r'$ 之间存在一条边。

例子 8.6 图 8.7 显示了一个图族 $\mathcal{G}$，图 8.8 显示了相应的 1-邻域图 $\mathcal{N}_1(\mathcal{G})$。

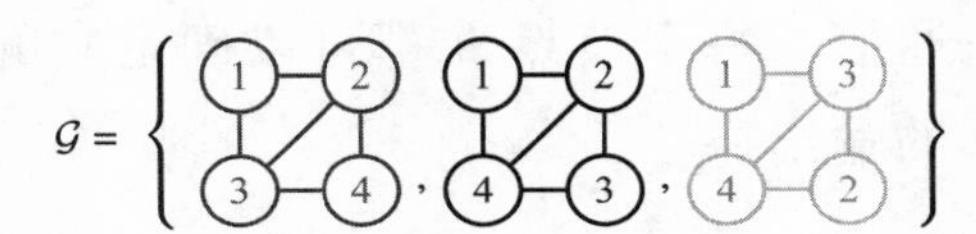

图 8.7 具有三个图的图族 $\mathcal{G}$。注意不同的标签

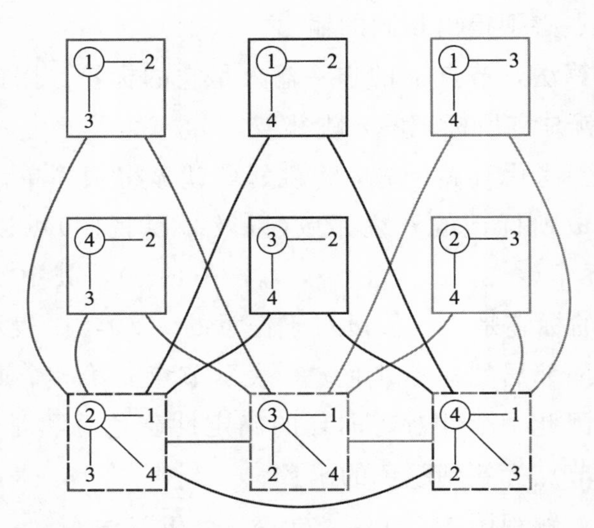

图 8.8 图 8.7 中图族的 1-邻域图 $\mathcal{N}_1(\mathcal{G})$。1 跳视图的颜色表示它们可以在 $\mathcal{G}$ 中的哪个图中被找到。边的颜色表示 $\mathcal{G}$ 中哪些图包含与 1 跳视图相连的邻近节点

◀

引理 8.9 对于一个给定的网络图族 $\mathcal{G}$，当且仅当其邻域图的颜色数满足 $\chi(\mathcal{N}_r(\mathcal{G}))\leqslant c$ 的情况下，有一种 r 轮算法可以将 $\mathcal{G}$ 中的图着色为 c 种颜色。

证明： 我们已经得知着色算法是一个函数，它将每个可能的 r 跳视图映射为一种颜色。因此，着色算法为邻域图 $\mathcal{N}_r(\mathcal{G})$ 的每个节点分配一种颜色。

如果 $\mathcal{V}_r$ 和 $\mathcal{V}'_r$ 是两个相邻节点 u 和 v 的 r 跳视图（对于 $\mathcal{G}$ 中的某些已标记的图），每个正确的着色算法都必须为 $\mathcal{V}_r$ 和 $\mathcal{V}'_r$ 分配不同的颜色。因此，对于网络图族 $\mathcal{G}$，指定一个 r 轮着色算法相当于给各自的邻域图 $\mathcal{N}_r(\mathcal{G})$ 着色。 ■

我们不直接定义有向环的邻域图，而是定义与邻域图密切相关的有向图 $\mathcal{B}_k$。$\mathcal{B}_k$ 中包含了节点集和所有节点标签递增的 k 元组：

$$V[\mathcal{B}_k]=\{(\alpha_1, \cdots, \alpha_k): \alpha_i\in[n], i<j\rightarrow\alpha_i<\alpha_j\} \tag{8.1}$$

式中，$[n]=\{1, \cdots, n\}$。

对于 $\underline{\alpha}=(\alpha_1, \cdots, \alpha_k)$ 和 $\underline{\beta}(\beta_1, \cdots, \beta_k)$，从 $\underline{\alpha}$ 向 $\underline{\beta}$ 连有一条有向边，当且仅当

$$\forall i\in\{1, \cdots, k-1\}: \beta_i=\alpha_{i+1} \tag{8.2}$$

引理 8.10 图 $\mathcal{B}_{2r+1}$ 被看作一张无向图，它是由 $[n]$ 中带节点标签的 n 个节点的有向环构成的 r-邻域图的子图。

证明： 该结论直接来自 8.2 节中对有向环中节点的 r 跳视图的观察。增加的节点标签构成的 k 元组集合是不同节点标签构成的 k 元组集合的子集。如果两个 r 跳视图通过邻域图中的一条有向边连接，那么 $\mathcal{B}_{2r+1}$ 中对应的两个节点将通过一条有向边连接。注意，如果 $\mathcal{B}_k$ 中的 $\underline{\alpha}$ 与 $\underline{\beta}$ 之间存在一条边相连，那么 $\alpha_1\neq\beta_k$，因为 $\underline{\alpha}$ 和 $\underline{\beta}$ 的节点标签都在增加。 ■

为了确定一个 n 个节点的有向环的 r 轮着色算法需要的颜色下界，需要确定 $\mathcal{B}_{2r+1}$ 的颜色数的下界。为了得到这样一个下界，我们需要做以下定义：

定义 8.11（双线图） 有向图 $G=(V, E)$ 的有向线图（双线图）$\mathcal{DL}(G)$ 定义如下：

$\mathcal{DL}(G)$ 的节点集为 $V[\mathcal{DL}(G)]=E$，当且仅当 $x=y$ 时，在 $(w, x)\in E$

和$(y, z)\in E$之间，存在一条有向边$((w, x), (y, z))$，即第一条边的终点相当于第二条边的起点。

定理 8.12　如果$n>k$，图$\mathcal{B}_{k+1}$可以被递归定义如下：

$$\mathcal{B}_{k+1}=\mathcal{DL}(\mathcal{B}_k)$$

证明：$\mathcal{B}_k$中的边是满足条件(8.1)和(8.2)的k元组对$\underline{\alpha}=(\alpha_1, \cdots, \alpha_k)$和$\underline{\beta}=(\beta_1, \cdots, \beta_k)$。由于$\underline{\alpha}$中最后$k-1$个标签与$\underline{\beta}$中的前$k-1$个标签相等，所以$(\underline{\alpha}, \underline{\beta})$可以用一个$(k+1)$元组$\underline{\gamma}=(\gamma_1, \cdots, \gamma_{k+1})$来表示，其中，对于$2\leqslant i\leqslant k$，有$\gamma_1=\alpha_1$，$\gamma_i=\beta_{i-1}=\alpha_i$，且$\gamma_{k+1}=\beta_k$。由于$\underline{\alpha}$和$\underline{\beta}$的标签都在增加，所以$\underline{\gamma}$的标签也在增加。因此$\mathcal{B}_{k+1}$和$\mathcal{DL}(\mathcal{B}_k)$这两个图具有相同的节点集。当$\underline{\beta}_1=\underline{\alpha}_2$时，$\mathcal{DL}(\mathcal{B}_k)$的两个节点$(\underline{\alpha}_1, \underline{\beta}_1)$和$(\underline{\alpha}_2, \underline{\beta}_2)$之间存在一条边。这相当于要求两个对应的$(k+1)$元组$\underline{\gamma}_1$和$\underline{\gamma}_2$在$\mathcal{B}_{k+1}$中相邻，即$\underline{\gamma}_1$的最后$k$个标签等于$\underline{\gamma}_2$的前$k$个标签。 ■

下面的引理在有向图G的颜色数与其双线图$\mathcal{DL}(G)$之间建立了一个有用的联系。

引理 8.13　对于有向图G及其双线图，它们的颜色数分别为$\chi(G)$和$\chi(\mathcal{DL}(G))$，它们满足：

$$\chi(\mathcal{DL}(G))\geqslant\log_2(\chi(G))$$

证明：给定c种颜色的双线图$\mathcal{DL}(G)$，在此解释一下如何构造G的2^c着色。接下来证明它们满足的要求，即$\chi(G)\leqslant 2^{\chi(\mathcal{DL}(G))}$。

假设我们给定一个c种颜色的双线图$\mathcal{DL}(G)$。它可以被看作对G中边的着色，使得相邻的边为不同颜色。对于G中的一个节点v，设S_v为其输出边上的颜色集合，u和v是G中的两个节点，并且G中包含一条从u指向v的有向边(u, v)，并且设x为有向边(u, v)的颜色。显然，由于(u, v)是u的一条输出边，所以$x\in S_u$。由于相邻边有不同的颜色，对于节点v不存在一条输出边(v, w)被着色成颜色x。因此$x\notin S_v$，这也暗示$S_u\neq S_v$。我们可以使用这些颜色集合来获得G的节点着色情况，即u的颜色为S_u，v的颜色为S_v。因为$[c]$的可能子集数目为2^c，这就构成了G的2^c着色。 ■

设$\log^{(i)}x$是以 2 为底x的对数的第i次迭代结果：

$$\log^{(1)}x=\log_2 x, \quad \log^{(i+1)}x=\log_2(\log^{(i)}x)$$

正如第1章所述：

$$\log^* x=1 \text{ 如果 } x\leqslant 2, \quad \log^* x=1+\min\{i: \log^{(i)}x\leqslant 2\}$$

针对 $\mathcal{B}_k$ 的颜色数，我们能够得到：

引理 8.14 对于任意的 $n\geqslant 1$，$\chi(\mathcal{B}_1)=n$。除此之外，对于 $n\geqslant k\geqslant 2$，满足 $\chi(\mathcal{B}_k)\geqslant\log^{(k-1)}n$。

证明： 对于 $k=1$，$\mathcal{B}_k$ 包含从节点 i 指向节点 j 的有向边(当且仅当 $i<j$)，并且是一张具有 n 个节点的完全图。因此，$\chi(\mathcal{B}_1)=n$。对于 $k>2$，需要由引理 8.12 和引理 8.13 归纳得到。

最终使我们能够确定使用 3 种颜色进行有向环着色所需要的轮数下界。 ■

定理 8.15 每种使用 3 种或更少颜色进行有向环着色的确定性、分布式算法至少需要进行$(\log^* n)/2-1$ 轮。

证明： 利用 $\mathcal{B}_k$ 与有向环的邻域图之间的联系，可以充分证明，对于所有的 $r<(\log^* n)/2-1$，均有 $\chi(\mathcal{B}_{2r+1})>3$。由引理 8.14 可知，$\chi(\mathcal{B}_{2r+1})\geqslant\log^{(2r)}n$。为了得到 $\log^{(2r)}n\leqslant 2$，我们需要证明 $r\geqslant(\log^* n)/2-1$。又因为 $\log_2 3<2$，所以当 $r<\log^* n/2-1$ 时有 $\log^{(2r)}n>3$。 ■

推论 8.16 每一个计算有向环 MIS 的确定性、分布式算法都至少需要 $\log^* n/2-O(1)$轮。

备注：

- 很显然，对于一个常数 $c>3$，对一个环使用 c 或更少种颜色进行着色所需的轮数是 $\log^* n/2-O(1)$。
- 在第1章中的 $\log^* n+O(1)$上界和本章的 $\log^* n/2-O(1)$下界之间，基本上有2倍的差距(最多加上一个常数)。我们可以证明下界是确定的，即使是应用于无向环中(对于有向环，可作为练习的一部分)。
- 另外，下界也可以作为 Ramsey 理论的一个示例提出。Ramsey 理论最好用一个例子来介绍：假设你举办一个聚会，你想邀请的人不能有三个彼此认识的人，也不能有三个彼此陌生的人。那么你最多可以邀请多少人？这是 Ramsey 定理中的一个例子，它是指对于任意给定的整数 c 和整数 n_1，…，n_c，有一个 Ramsey 数 $\mathcal{R}(n_1, \cdots, n_c)$，也就是说如果一条完全图的边与 $\mathcal{R}(n_1, \cdots, n_c)$ 节点用 c 种不同的颜色着色，那么对于某些颜色 i，该图包含一些大小为 n_i 的颜色 i 的完全子图。在此示例中的特殊情况是寻找 $\mathcal{R}(3, 3)$。

- Ramsey 理论更具一般性，因为它能够处理超边。一条普通边本质上是两个节点的子集，而一条超边是 k 个节点的子集。聚会的例子可以在下文中得到解释：我们有形式为 $\{i, j\}$ 的(超)边($1 \leqslant i, j \leqslant n$)。假设我们选择足够大的 n，使用两种颜色给边着色，必须满足对于集合 S 所包含的 3 条边 $\{i, j\} \subset \{v_1, v_2, v_3\}$ 具有相同的颜色。为了证明我们通过 Ramsey 获得的着色下界，我们构造了所有大小为 $k=2r+1$ 的超边，并用 3 种颜色给它们着色。选择足够大的 n，必须存在一个包含 $k+1$ 个标签的集合 $S=\{v_1, \cdots, v_{k+1}\}$，使 S 中 k 个节点所组成的 $k+1$ 条超边具有相同的颜色。值得注意的是 $\{v_1, \cdots, v_k\}$ 和 $\{v_2, \cdots, v_{k+1}\}$ 均在集合 S 中，因此会有两个具有相同颜色的相邻视图。Ramsey 理论表明，在这种情况下，n 将会以 k 的 1/4 的倍率增长。因此，如果 n 大到使 k 小于某种函数(如 $\log^* n$)增长，那么此着色算法不可能是正确的。
- 邻域图的概念可以更普遍地用于研究分布式图着色问题。举例来说，它可以用来表明通过一轮(每个节点将其标识发送给所有邻居)就可以用 $(1+o(1))\Delta^2 \ln n$ 种颜色为图着色，并且每一轮算法至少需要 $\Omega(\Delta^2/\log^2 \Delta + \log\log n)$ 种颜色。
- 我们也可以将此证明扩展到其他问题，例如，我们可以证明在单位圆所在图上的最小支配集问题的常数值至少应逼近对数时间。
- 使用 r 跳视图以及具有相等 r 跳视图的节点必须做出相同决定的事实是几乎所有本地下界问题背后的基本原则(事实上，我们只是没有意识到本地下界不使用这一原则)。使用这种基本技术(但另外一种完全不同的证明方式)可以证明在一般图中计算 MIS(和许多其他的问题)至少需要 $\Omega(\sqrt{\log n/\log\log n})$ 和 $\Omega(\sqrt{\log \Delta/\log\log \Delta})$ 轮。

8.4 本章注释

本章的下界证明是由 Linial[Lin92]提出的，证明了第 1 章技术的渐近最优性。这个证明也可以在[Pel00]的第7.5节找到。[LS14]给出了省略邻域图构造的另一个证明。随机算法的下界也在[Nao91]中证明了其正确性。最近，这种下界技术被用于其他问题[CHW08，LW08]上。从某种意义上说，Linial的开创性工作向我们抛出了一个问题：在$O(1)$时间[NS93]内可以计算什么，其本质开启了分布式复杂度理论。

最近，通过一个不同的论点，Kuhn等人[KMW04，KMW16]设法证明了许多组合问题更本质的下界，包括最小顶点覆盖(MVC)，最小支配集(MDS)，极大匹配以及极大独立集(MIS)。更具体地来说，Kuhn等人表明，所有这些问题都需要多重对数时间复杂度(多重对数时间复杂度的近似求解算法，如MVC和MDS的近似问题)。其中一些下界是准确的，例如MVC $\Omega(\log\Delta/\log\log\Delta)$的下界令人惊讶地准确[BYCHS16]。针对最近关于下界的研究，我们可以参考[Suo12，KMW16]。

Ramsey理论是由Frank P. Ramsey在1930年发表的一篇名为“On a Problem of Formal Logic”的文章中开创的。关于Ramsey理论的介绍，我们可以参考[NR90，LR03]。

8.5 参考文献

[BYCHS16] Reuven Bar-Yehuda, Keren Censor-Hillel, and Gregory Schwartzman. A distributed $(2+\epsilon)$-approximation for vertex cover in $o(\log\delta/\epsilon \log\log\delta)$ rounds. pages 3–8, 2016.

[CHW08] A. Czygrinow, M. Hańćkowiak, and W. Wawrzyniak. Fast Distributed Approximations in Planar Graphs. In *Proceedings of the 22nd International Symposium on Distributed Computing (DISC)*, 2008.

[KMW04] F. Kuhn, T. Moscibroda, and R. Wattenhofer. What Cannot Be Computed Locally! In *Proceedings of the 23rd ACM Symposium on Principles of Distributed Computing (PODC)*, July 2004.

[KMW16] Fabian Kuhn, Thomas Moscibroda, and Roger Wattenhofer. Local Computation: Lower and Upper Bounds. In *Journal of the ACM (JACM)*, 2016.

[Lin92] N. Linial. Locality in Distributed Graph Algorithms. *SIAM Journal on Computing*, 21(1)(1):193–201, February 1992.

[LR03] Bruce M. Landman and Aaron Robertson. *Ramsey Theory on the Integers.* American Mathematical Society, 2003.

[LS14] Juhana Laurinharju and Jukka Suomela. Brief Announcement: Linial's Lower Bound Made Easy. In *Proceedings of the 2014 ACM Symposium on Principles of Distributed Computing*, PODC '14, pages 377–378, New York, NY, USA, 2014. ACM.

[LW08] Christoph Lenzen and Roger Wattenhofer. Leveraging Linial's Locality Limit. In *22nd International Symposium on Distributed Computing (DISC), Arcachon, France*, September 2008.

[Nao91] Moni Naor. A Lower Bound on Probabilistic Algorithms for Distributive Ring Coloring. *SIAM J. Discrete Math.*, 4(3):409–412, 1991.

[NR90] Jaroslav Nesetril and Vojtech Rodl, editors. *Mathematics of Ramsey Theory.* Springer Berlin Heidelberg, 1990.

[NS93] Moni Naor and Larry Stockmeyer. What can be Computed Locally? In *Proceedings of the twenty-fifth annual ACM symposium on Theory of computing*, STOC '93, pages 184–193, New York, NY, USA, 1993. ACM.

[Pel00] David Peleg. *Distributed Computing: a Locality-Sensitive Approach.* Society for Industrial and Applied Mathematics, Philadelphia, PA, USA, 2000.

[Ram30] F. P. Ramsey. On a Problem of Formal Logic. *Proc. London Math. Soc. (3)*, 30:264–286, 1930.

[Suo12] Jukka Suomela. Survey of Local Algorithms. http://www.cs.helsinki.fi/local-survey/, 2012.

第9章

Mastering Distributed Algorithms

全局问题

本章是关于分布式计算中的hard问题。在顺序计算中，有一些被推测需要指数增长时间的NP-hard问题。在分布式计算中是否有类似的问题？使用第2章中的洪泛/回传（算法2.9和算法2.10），到目前为止，所有的东西基本上都可以在$O(D)$时间内解决，其中D是网络的直径。

9.1 直径和APSP

但我们如何计算直径本身呢？当然是用洪泛/回传的方式。

备注：

- 由于所有这些阶段只需要$O(D)$时间，节点在$O(D)$时间内就能知道直径，这是渐近最优的。
- 然而，有一个问题：节点现在参与了n个并行的洪泛/回传操作，因此一个节点可能不得不在单次时间步长内处理多且大的消息。虽然严格意义上，这在消息传递模型中并不违法，但仍然感觉是在作弊！一个自然而然的问题是，我们是否可以通过在每一轮中发送短消息来实现同样的目的。
- 在第1章的定义1.8中，我们假设节点应该只发送大小合理的消息。在本章中，我们加强了这个定义，并要求每个消息最多有$O(\log n)$位。一般来说，这足以向邻节点传递恒定数量的ID或数值，但其不足以传递一个节点所知道的所有信息！
- 避免大消息的一个简单方法是把它们分成小消息，并分几轮来发送。这可能会导致消息在一些节点上被延迟，而在其他节点上则不会。洪泛可能不再使用BFS树的边了！洪泛可能也不再计算正确的距离了！另一方面，我们知道算法9.1中的最大消息量是$O(n \log n)$。所以我们可以通过用小消息，使用n个小消息轮来模拟这些大消息轮。这就产生了一个预期之外的$O(nD)$的运行时间。第三种可能的方法是“每轮洪泛/回传一个接一个地开始”，在最坏的情况下，结果也是$O(nD)$。

算法 9.1 朴素的直径构造

1. 所有的节点通过同步洪泛/回传计算它们的半径
2. 所有节点在构建的 BFS 树上洪泛自己的半径
3. 节点看到的最大半径是直径

- 因此，让我们来修正上述算法吧！关键的想法是以一种更有组织的方式规划洪泛/回传过程。按照一定的顺序启动洪泛过程，并证明在任何时候，每个节点只参与一次回传。这在算法 9.3 中实现。

定义 9.2(BFS_v) 在节点v处进行广度优先搜索，构建生成树BFS_v(见第2章)。这需要使用小消息，它的时间是$O(D)$。

备注：

- 图G的生成树可以在$O(n)$时间内被遍历，方法是在每个时隙通过一条边发送一个 pebble。
- 这可以用例如深度优先搜索(DFS)方式来完成：从树的根部开始，以下列方式递归访问所有节点。如果当前节点仍有一个未访问的子节点，那么 pebble 总是先访问该子节点。只有当所有的子节点都被访问过后，才返回父节点。
- 算法 9.3 的工作方式如下：给定一个图G，首先一个领导人l计算其 BFS 树BFS_l。然后，我们发送一个 pebble P去遍历树BFS_l。每当 pebble P第一次进入一个节点v时，P等待一个时隙，然后从v开始进行广度优先搜索(BFS)——使用G中的边，目的是计算从v到所有其他节点的距离。由于我们从每个节点v开始进行BFS_v，所以每个节点u在运行BFS_v的过程中会知道它与所有这些节点v的距离。在BFS_u结束时不需要回传过程。

算法 9.3 在 G 上计算 APSP

1. 假设有领导人节点l(如果没有，先计算一个)
2. 计算领导人节点l的BFS_l
3. 发送 pebble P以 DFS 方式遍历BFS_l
4. **while** P遍历BFS_l **do**

```
5.   if P 访问新节点 v then
6.     立即从节点 v 启动 BFS_v          // 计算到 v 的所有距离
7.     pebble P 等待一个时隙            // 避免拥挤
8.   end if
9. end while
```

备注：

- 节点 u 在 BFS_v 中的深度为 $d(u, v)$。
- 知道所有的距离是很好的，但我们如何获得直径呢？好吧，和以前一样，每个节点可以直接把它的半径(它的最大距离)洪泛入网络。然而，现在信息量很小，我们需要稍微修改一下。在每一轮中，一个节点只向其邻节点发送它所知道的最大距离。在 D 轮之后，每个节点将知道所有节点之间的最大距离。

引理 9.4 在算法 9.3 中，在任何时候，节点 w 对 BFS_u 和 BFS_v 都是同时激活的。

证明： 假设 BFS_u 在节点 u 的时间 t_u 开始，那么节点 w 将在时间 $t_u + d(u, w)$ 参与 BFS_u。现在，考虑一个节点 v，其 BFS_v 是在时间 $t_v > t_u$ 开始的。根据该算法，这意味着 pebble 在 u 之后访问 v，并且花了一些时间从 u 到 v。特别地，从 u 到 v 的时间至少是 $d(u, v)$。此外，pebble 在开始 BFS_u 后在节点 u 等待了一个时隙，此时有 $t_v \geqslant t_u + d(u, v) + 1$。利用这一点和三角形不等式，我们得到节点 w 严格地按照先运行 BFS_u 再运行 BFS_v 的顺序进行，因为 $t_v + d(v, w) \geqslant (t_u + d(u, v) + 1) + d(v, w) \geqslant t_u + d(u, w) + 1 > t_u + d(u, w)$。■

定理 9.5 算法 9.3 计算 APSP(所有对的最短路径)的时间为 $O(n)$。

证明： 由于前面的引理对任何一对顶点都是成立的，没有两个 BFS 相互干扰，即所有的消息都能按时发送而不拥堵。因此，所有的 BFS 在开始后最多有 D 个时隙停止。我们的结论是，算法的运行时间由我们构建树 BFS_l 所需的时间 $O(D)$，加上 P 穿越 BFS_l 所需的时间 $O(n)$，再加上 P 发起的最后一个 BFS 所需的时间 $O(\mathrm{D})$ 决定。由于 $D \leqslant n$，这都包括进 $O(n)$。■

备注：

- 突然间，我们的算法需要 $O(n)$ 的时间，而且可能是 $n \gg D$ 的时间。

我们应该可以做得更好，对吗？

- 不幸的是并没有！可以证明的一点是，计算网络的直径需要 $\Omega(n/\log n)$时间。
- 请注意，节点可以通过与邻节点交换一些特定的信息，如度，来检查一个图是否有直径 1。然而，检查直径 2 已经很困难了。

9.2 下界图

我们定义了一个图族 G，我们用它来证明计算直径所需的轮数的下界。为了简化分析，我们假设$(n-2)$可以除以 8。我们首先定义了四组节点，每组由 $q=q(n):=(n-2)/4$ 个节点组成。在本章中，我们用$[q]$当作$\{1, \cdots, q\}$的缩写并定义：

$$\boldsymbol{L}_0 := \{l_i \mid i\in[q]\} \quad // \text{图 9.6 中的左上角}$$
$$\boldsymbol{L}_1 := \{l'_i \mid i\in[q]\} \quad // \text{左下角}$$
$$\boldsymbol{R}_0 := \{r_i \mid i\in[q]\} \quad // \text{右上角}$$
$$\boldsymbol{R}_1 := \{r'_i \mid i\in[q]\} \quad // \text{右下角}$$

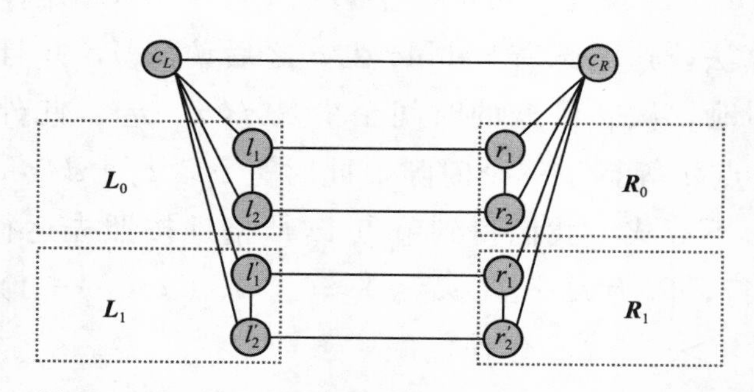

图 9.6 上述的骨架 G'包含 $n=10$ 个节点，使得 $q=2$

我们添加节点 c_L，并将其连接到 $\boldsymbol{L}_0$ 和 $\boldsymbol{L}_1$ 中的所有节点。然后我们添加节点 c_R，将其连接到 $\boldsymbol{R}_0$ 和 $\boldsymbol{R}_1$ 中的所有节点。此外，节点 c_L 和 c_R 由一条边连接。对于 $i\in[q]$，我们将 l_i 连接到 r_i，将 l'_i 连接到 r'_i。同时，我们添加边，使 $\boldsymbol{L}_0$、$\boldsymbol{L}_1$、$\boldsymbol{R}_0$ 和 $\boldsymbol{R}_1$ 中的节点是一个团。由此产生的图被称为 G'。

图 G'是 G 族中任何图的骨架。

更正式地说，骨架 $G'=(V', E')$是：

$$
\begin{aligned}
V' &:= \boldsymbol{L}_0 \cup \boldsymbol{L}_1 \cup \boldsymbol{R}_0 \cup \boldsymbol{R}_1 \cup \{c_L, c_R\} \\
E' &:= \bigcup_{v \in \boldsymbol{L}_0 \cup \boldsymbol{L}_1} \{(v, c_L)\} && \text{// 连接到 } c_L \\
&\quad \cup \bigcup_{v \in \boldsymbol{R}_0 \cup \boldsymbol{R}_1} \{(v, c_R)\} && \text{// 连接到 } c_R \\
&\quad \cup \bigcup_{i \in [q]} \{(l_i, r_i), (l'_i, r'_i)\} \cup \{(c_L, c_R)\} && \text{// 从左到右连接} \\
&\quad \cup \bigcup_{S \in \{\boldsymbol{L}_0, \boldsymbol{L}_1, \boldsymbol{R}_0, \boldsymbol{R}_1\}} \bigcup_{u \neq v \in S} \{(u, v)\} && \text{// 团的边}
\end{aligned}
$$

为了简化论证，我们把 G' 分成两部分：L 部分是由节点 $\boldsymbol{L}_0 \cup \boldsymbol{L}_1 \cup \{c_L\}$ 引入的子图。$\boldsymbol{R}$ 部分是由节点 $\boldsymbol{R}_0 \cup \boldsymbol{R}_1 \cup \{c_R\}$ 所引入的子图。如图 9.7。

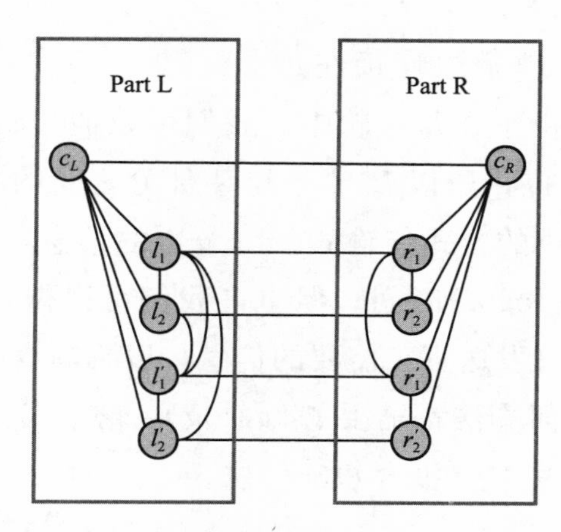

图 9.7　上述的图 G 有 $n=10$，并且是图族 $\mathcal{G}$ 的成员之一。G 的直径是什么

$\mathcal{G}$ 族包含任何由 G' 派生出来的图 G，通过分别添加任何形式的 $(l_i, l'_j)(r_i, r'_j)$ 的边的组合，其中 $l_i \in \boldsymbol{L}_0$，$l'_j \in \boldsymbol{L}_1$，$r_i \in \boldsymbol{R}_0$，$r'_j \in \boldsymbol{R}_1$。

引理 9.8　图 $G=(V, E) \in \mathcal{G}$ 的直径是 2，当且仅当：对于每个元组 (i, j)，$i, j \in [q]$，E 中要么有边 (l_i, l'_j)，要么有边 (r_i, r'_j)（或两个边）。

证明： 注意一组节点间的距离至少是 2。特别是 $c_L c_R$ 的半径分别是 2，由于 $c_L c_R$ 分别在 $\boldsymbol{L}$ 部分和 R 部分的任何两个节点之间的距离都是 2。由于团 $\boldsymbol{L}_0$、$\boldsymbol{L}_1$、$\boldsymbol{R}_0$、$\boldsymbol{R}_1$ 在 l_i 和 r_j 以及 l'_i 和 r'_j 之间的距离分别至少为 2。

唯一有趣的情况是在节点 $l_i \in \boldsymbol{L}_0$ 和节点 $r'_j \in \boldsymbol{R}_1$ 之间（或者，对称地，在 $l'_j \in \boldsymbol{L}_1$ 和节点 $r_i \in \boldsymbol{R}_0$ 之间）。如果边 (l_i, l'_j) 或边 (r_i, r'_j) 存在，那么

这个距离就是 2，因为路径(l_i，l'_j，r'_j)或路径(l_i，r_i，r'_j)存在。如果这两条边都不存在，那么 l_i 的邻域由$\{c_L, r_i\}$、$\boldsymbol{L}_0$ 中的所有节点和 $\boldsymbol{L}_1 \setminus \{l'_j\}$中的一些节点组成，而 r'_j 的邻域由$\{c_R, l'_j\}$、$\boldsymbol{R}_1$ 中的所有节点以及 $\boldsymbol{R}_0 \setminus \{r_i\}$中的一些节点。(如图 9.9，其中 $i=2$，$j=2$。)由于这两个邻域没有共同的节点，l_i 和 r'_j 之间的距离(至少)是 3。 ■

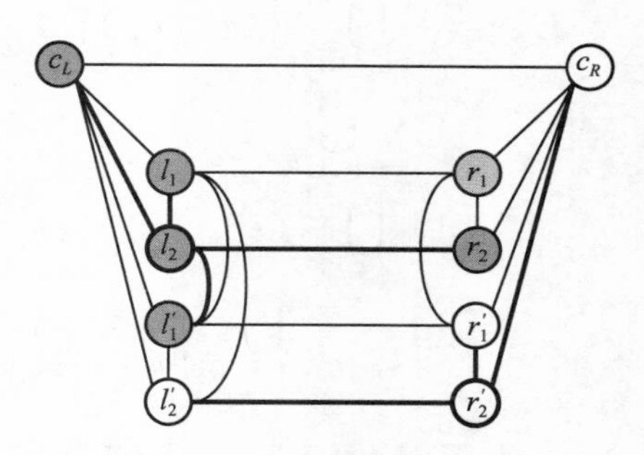

图 9.9 l_2 附近的节点为青色，r'_2 附近的节点为白色。由于这些邻域不相交，这两个节点的距离是 $d(l_2, r'_2)>2$。如果包括边(l_2，l'_2)，它们的距离将是 2

备注：

- 每个部分最多包含 $q^2 \in \Theta(n^2)$ 条不属于骨架的边。
- 有 $2q+1 \in \Theta(n)$ 条边连接左边和右边的部分。由于在每一轮中，我们可以通过每条边(在每个方向)传输 $O(\log n)$位，所以 $\boldsymbol{L}$ 部分和 $\boldsymbol{R}$ 部分之间的带宽是 $O(n \log n)$。
- 如果我们以简单的方式传输 $\Theta(n^2)$条边的信息，带宽为 $O(n \log n)$，我们需要 $\Omega(n/\log n)$时间。但也许我们可以做得更好。一个算法能不能更智能，只发送真正需要的信息，以判断直径是否为 2?
- 事实证明，任何算法都需要 $\Omega(n/\log n)$轮，因为真正需要判断直径大于 2 的信息基本上包含 $\Theta(n^2)$位。

9.3 通信复杂度

为了正式证明上一个备注，我们可以使用来自两方通信复杂度的论据。这个领域基本上涉及分布式计算的一个基本版本：两方分别得到一些输入，并想处理这些输入的任务。

我们考虑两个不同大学的两个学生(Alice 和 Bob)通过一个通信信道(例如，通过电子邮件)连接起来，我们假设这个渠道是可靠的。现在 Alice 和 Bob 想检查他们是否收到了相同的家庭作业问题集(我们假设他们的教授很懒，把它写在黑板上，而不是把精心准备的文件放在网上)Alice 和 Bob 真的需要把整个问题集输入他们的电子邮件吗？以一种更正式的方式理解这个问题：Alice 收到一个 k 位的字符串 x，Bob 收到另一个 k 位的字符串 y，目标是让他们两个人都能计算出相等函数。

定义 9.10(平等性) 我们定义相等函数 EQ 为:

$$\mathbf{EQ}(x, y) := \begin{cases} 1 & x = y \\ 0 & x \neq y \end{cases}$$

备注:

- 在更普遍的情况下，Alice 和 Bob 对在他们之间在通信量最少的情况下计算某个函数 $f: \{0, 1\}^k \times \{0, 1\}^k \to \{0, 1\}$感兴趣。当然，他们总是可以通过让 Alice 把她的整个 k 位字符串发送给 Bob，然后由 Bob 来计算这个函数来获得成功，但这里的想法是找到巧妙的方法，用少于 k 位的通信来计算 f。我们衡量他们的智能程度如下。

定义 9.11(通信复杂度，CC) 协议 A 对函数 f 的通信复杂度是 $\mathrm{CC}(A, f)$:=在最差的情况下使用 A 时在 Alice 和 Bob 之间交换的最小位数。f 的通信复杂度是 $\mathrm{CC}(f) := \min\{\mathrm{CC}(A, f) \mid A \text{ solves } f\}$。这就是最佳协议在最坏情况下需要发送的最小位数。

定义 9.12 对于给定的函数 f，我们定义一个代表 f 的 $2^k \times 2^k$ 矩阵 M^f，即 $M^f_{x,y} := f(x, y)$。

例子 9.13 对于 EQ，在 $k=3$ 的情况下，矩阵 M^{EQ} 看起来像这样：

EQ	000	001	010	011	100	101	110	111	← x
000	1	0	0	0	0	0	0	0	
001	0	1	0	0	0	0	0	0	
010	0	0	1	0	0	0	0	0	
011	0	0	0	1	0	0	0	0	
100	0	0	0	0	1	0	0	0	
101	0	0	0	0	0	1	0	0	
110	0	0	0	0	0	0	1	0	
111	0	0	0	0	0	0	0	1	
↑y									

◀

下一步，我们定义一个(组合的)单色矩形。这些是 M^f 的子矩阵，包含相同的条目。

定义 9.14(单色矩形) 一组 $R \subseteq \{0, 1\}^k \times \{0, 1\}^k$ 被称为单色矩形，如果

- $(x_1, y_1) \in R$ 和$(x_2, y_2) \in R$，那么$(x_1, y_2) \in R$。
- 有一个固定的 z，使 $f(x, y) = z$ 对于所有$(x, y) \in R$ 都成立。

例子 9.15 以下矩形中的前三个是单色的，最后一个不是：

		矩形	例子9.13
R_1	=	$\{011\} \times \{011\}$	浅灰
R_2	=	$\{011, 100, 101, 110\} \times \{000, 001\}$	灰
R_3	=	$\{000, 001, 101\} \times \{011, 100, 110, 111\}$	深灰
R_4	=	$\{000, 001\} \times \{000, 001\}$	方框

◀

每次 Alice 和 Bob 交换一位，他们可以消除矩阵 M^f 的列/行，剩下一个组合的矩形。当这个剩余的矩形是单色的时候，他们可以停止通信。然而，也许有一种更有效的方式来交换关于一个给定的位串的信息，而不仅仅是简单地传输包含的位？为了涵盖所有可能的通信方式，我们需要以下定义：

定义 9.16(混淆集) 集合 $S \subset \{0, 1\}^k \times \{0, 1\}^k$ 混淆 f，若有一个固定的 z 使得

- 对于每个 $(x, y) \in S$，$f(x, y) = z$。
- 对于任何 $(x_1, y_1) \neq (x_2, y_2) \in S$，矩形 $\{x_1, x_2\} \times \{y_1, y_2\}$ 不是单色：要么 $f(x_1, y_2) \neq z$，$f(x_2, y_1) \neq z$，要么两者都不等于 z。

例子 9.17 考虑 $S = \{(000, 000), (001, 001)\}$。看一下例子 9.15 中的非单色矩形 R_4。验证一下，S 确实是 EQ 的一个混淆集！ ◀

备注：

- 你能为 EQ 找到一个更大的混淆集吗？
- 我们假设 Alice 和 Bob 轮流发送一位。这导致每轮有 2 种可能的命令(发送 0/1)，在一连串的 t 轮中有 2^t 命令模式。

引理 9.18 如果 S 是 f 的混淆集，那么 $CC(f) = \Omega(\log|S|)$。

证明： 我们通过反证法来证明这句话：固定一个协议 A，并假设它在最坏情况下需要 $t < \log(|S|)$ 轮。那么有 2^t 种可能的命令模式，其中 $2^t < |S|$。因此，对于 S 中的至少两个元素，称它们为 (x_1, y_1)，(x_2, y_2) 协议 A 产生相同的命令模式 P。自然，在替代输入 (x_1, y_2)，(x_2, y_1) 上的命令模式也将是 P：在第一轮中，Alice 和 Bob 没有关于对方字符串的信息，并发送与 P 中发送的相同位。在此基础上，他们决定要交换的第二个位，因为他们无法区分情况，所以与 P 中的第二个位相同。这种情况持续了所有的 t 轮。我们的结论是，在 t 轮之后，Alice 不知道 Bob 的输

入是 y_1 还是 y_2，而 Bob 不知道 Alice 的输入是 x_1 还是 x_2。根据混淆集的定义，要么

- $f(x_1, y_2) \neq f(x_1, y_1)$，在这种情况下，Alice(输入 x_1)还不知道解决方案。

要么

- $f(x_2, y_1) \neq f(x_1, y_1)$，在这种情况下，Bob(输入 y_1)还不知道解决方案。

这与假设相矛盾，即经过 t 轮之后，A 会得到所有输入的正确决定。因此，至少需要 $\log(|S|)$个回合。■

定理 9.19 $CC(EQ)=\Omega(k)$。

证明： 集合 $S:=\{(x, x) \mid x\in\{0, 1\}^k\}$混淆了 EQ，大小为 2^k。现在应用引理 9.18 得证。■

定义 9.20 用 $\overline{z}$ 表示字符串 z 的否定，用 $x\circ y$ 表示字符串 x 和 y 的连接。

引理 9.21 假设 x，y 为 k 位字符串，那么当且仅当有一个索引 $i\in[2k]$，使得 $x\circ\overline{x}$ 的第 i 位和 $\overline{y}\circ y$ 的第 i 位都是 0 时，$x\neq y$。

证明： 如果 $x\neq y$，有一个 $j\in[k]$，使得 x 和 y 在第 j 位上不同。因此，要么 x 和 $\overline{y}$ 的第 j 位都是 0，要么 $\overline{x}$ 和 y 的第 j 位都是 0。为此，有一个 $i\in[2k]$，使得 $x\circ\overline{x}$ 和 $\overline{y}\circ y$ 在位置 i 都是 0。

如果 $x=y$，那么对于任何 $i\in[2k]$，总是 $x\circ\overline{x}$ 的第 i 位是 1，或者 $\overline{y}\circ y$(在这种情况下是 $x\circ\overline{x}$ 的否定)的第 i 位是 1。■

备注：

- 有了这些理解，我们再回到计算图直径的问题，并将这个问题与 EQ 联系起来。

定义 9.22 使用之前定义的参数 q，我们定义了 q^2 位字符串的所有对 x，y 和 G 中的图之间的双射映射：每对字符串 x，y 被映射到图 $G_{x,y}\in G$，该图由骨架 G'派生，通过添加

- 边(l_i, l'_j)到 L 部分，当且仅当 x 的第$(j+q\cdot(i-1))$位为 1。
- 边(r_i, r'_j)到 R 部分，当且仅当 y 的第$(j+q\cdot(i-1))$位为 1。

备注：

- 显然，$G_{x,y}$ 的 L 部分只取决于 x，R 部分只取决于 y。

引理 9.23　假设 x 和 y 为给 Alice 和 Bob[㊀] 的 $\frac{q^2}{2}$ 位字符串。那么图 $G:=G_{x\circ\overline{x},\overline{y}\circ y}\in \mathcal{G}$ 的直径为 2，当且仅当 $x=y$。

证明：根据引理 9.21 和 G 的构造，当且仅当 $x\neq y$，对于一些 (i, j)，$E(G)$内既没有边(l_i, l'_j)，也没有边(r_i, r'_j)。应用引理 9.8 得证：当且仅当 $x=y$，G 的直径为 2。 ■

定理 9.24　任何决定图 G 是否有直径 D 的分布式算法 A 都需要 $\Omega\left(\frac{n}{\log n}+D\right)$时间。

证明：计算 D 肯定需要时间$\Omega(D)$。只剩下 $\Omega\left(\frac{n}{\log n}\right)$需要证明。为了证明下界的这一条，只需研究 $D=2$。假设有一个分布式算法 A，可以在 $O(n/\log n)$时间内决定一个图的直径是否为 2。当 Alice 和 Bob 得到$\frac{q^2}{2}$位输入 x 和 y 时，他们可以模拟算法 A 来决定 x 是否等于 y，方法如下：Alice 构建 $G_{x\circ\overline{x},\overline{y}\circ y}$ 的 L 部分，Bob 构建 R 部分。正如我们所说的，这两部分是相互独立的，因此 Alice 可以在不知道 y 的情况下构造 L 部分，Bob 可以在不知道 x 的情况下构造 R 部分。而且，当且仅当 $x=y$ 时(引理 9.23)，$G_{x\circ\overline{x},\overline{y}\circ y}$ 的直径为 2。

现在 Alice 和 Bob 逐轮模拟分布式算法 A。在第一轮中，他们确定 G 中的那部分节点会发送哪些信息。然后，他们使用通信信道来交换所有 $2(2q+1)\in\Theta(n)$消息，这些消息将在本轮通过 L 部分和 R 部分之间的边发送，同时在 G 上执行 A，基于此，Alice 和 Bob 确定哪些消息将在第二轮发送，以此类推。对于 Alice 和 Bob 模拟的每一轮，他们只需要沟通$O(n\log n)$位：$O(\log n)$位用于$O(n)$条信息中的每一条。由于 A 在 $O(n/\log n)$轮后做出决定，这就产生了 $O(n^2)$位的总通信量。另一方面，引理 9.19 指出，为了决定 x 是否等于 y，Alice 和 Bob 至少需要通信$\Omega\left(\frac{q^2}{2}\right)=\Omega(n^2)$位。这是一个矛盾。 ■

备注：

- 到目前为止，我们只考虑了确定性的算法。使用随机性能做得更好吗？

㊀ 这就是为什么我们需要 n-2 能够除以 8

算法 9.25 随机评价 EQ

1. Alice 和 Bob 使用公共随机性。也就是说它们都可以访问相同的随机位串 $z\in\{0, 1\}^k$
2. Alice 发送位 $a := \sum_{i\in[k]} x_i \cdot z_i \bmod 2$ 给 Bob
3. Bob 发送位 $b := \sum_{i\in[k]} y_i \cdot z_i \bmod 2$ 给 Alice
4. **if** $a\neq b$ **then**
5. 我们知道 $x\neq y$
6. **end if**

引理 9.26 如果 $x\neq y$，算法 9.25 发现 $x\neq y$ 的概率至少是 1/2。

证明：注意，如果 $x=y$，我们肯定有 $a=b$。

如果 $x\neq y$，算法 9.25 可能不会显示出不相等。例如，对于 $k=2$，如果 $x=01$，$y=10$，$z=11$，我们得到 $a=b=1$。一般来说，假设 I 是指数的集合，其中 $x_i\neq y_i$，即 $I:=\{i\in[k]\mid x_i\neq y_i\}$。由于 $x\neq y$，我们知道 $|I|>0$。我们有

$$|a-b|\equiv \sum_{i\in I} z_i \pmod 2$$ ■

并且由于所有 $i\in I$ 的 z_i 都是随机的，我们得到 $a\neq b$ 的概率至少是 1/2。

备注：

- 通过排除向量 $z=0^k$，我们甚至可以得到一个严格大于 1/2 的发现概率。
- 用不同的随机字符串 z 重复算法 9.25，错误概率可以任意降低。
- 这是否意味着有一种快速的随机算法来确定直径？遗憾的是没有！
- 有时公有随机性不可用，但私有随机性可以用。这里 Alice 有她自己的随机字符串，Bob 有他自己的随机字符串。算法 9.25 的修改版也可以在运行时间的代价下与私有随机性一起工作。
- 人们可以为任何计算直径的随机分布式算法证明一个 $\Omega(n/\log n)$ 的下界。要做到这一点，我们要考虑到不相连函数 DISJ 而不是相等函数。这里，Alice 被给定一个子集 $X\subseteq[k]$，而 Bob 被给定一个子集 $Y\subseteq[k]$，他们需要确定是否 $Y\cap X=\varnothing$。（X 和 Y 可以用 k 位的

字符串 x，y 来表示。）这个归约与上面的相似，但使用图 $G_{\overline{x},\overline{y}}$ 而不是 $G_{x\circ\overline{x},\overline{y}\circ y}$。然而，DISJ 的随机通信复杂度的下界比 CC(EQ)的下界涉及更多。

- 由于人们可以在给定 APSP 解决方案的情况下计算出直径，因此意味着 APSP 的下界是 $\Omega(n/\log n)$。因此，我们的简单算法 9.3 几乎是最优化的!
- 许多先进的函数允许有较低的通信复杂度。例如，CC(PARITY)=2。两个字符串的汉明距离（不同条目数）是多少？众所周知，CC(HAM$\geqslant d$)=$\Omega(d)$。另外，CC(决定“HAM$\geqslant k/2+\sqrt{k}$”还是“HAM$\leqslant k/2-\sqrt{k}$”)=$\Omega(k)$，即使使用随机性时）。这个问题被称为汉明距离的差距。
- 通信复杂度的下界有很多应用。除了在分布式计算中获得下界外，人们还可以获得关于电路深度或静态数据结构的查询时间的下界。
- 在带宽有限的分布式环境中，我们表明计算直径的复杂度与计算所有对最短路径的复杂度差不多。相比之下，在顺序计算中，直径的计算是否能比所有对最短路径的计算更快，这是一个主要的公开问题。目前还没有已知的非线性下界，只知道需要 $\Omega(n^2)$ 个步骤——部分原因是一个图中可能有 n^2 条边/距离的事实。另一方面，目前最好的算法使用快速矩阵乘法，在 $O(n^{2.3727})$ 步后终止。

9.4 分布式复杂度理论

在本章的最后，我们对分布式消息传递算法的主要复杂度类别进行了简短的概述。给定一个有 n 个节点且直径为 D 的网络，我们设法建立了一个丰富的关于解决或近似一个问题所需时间的上界和下界的选择。目前我们知道五个主要的分布式复杂度类别：

- 严格意义上的本地问题可以在恒定的 $O(1)$ 时间内解决，例如，对平面图中的支配集进行恒定的近似。
- 稍微慢一点的是可以在 logstar $O(\log^* n)$ 时间内解决的问题，例如，在特殊图类中的许多组合优化问题，如增长有界图。对一个环进行 3 次着色需要 $O(\log^* n)$。

- 大量的问题是多项式的(或伪本地)，在这个意义上，它们似乎是严格本地的，但事实上不是，因为它们需要 $O(\text{polylog}\, n)$的时间，例如，极大独立集问题。
- 有些问题是全局性的，需要 $O(D)$时间。例如，计算网络中的节点数量。
- 最后还有一些问题需要多项式 $O(\text{poly}\, n)$时间，即使直径 D 是一个常数，例如，计算网络的直径。

9.5 本章注释

计算直径的线性时间算法是由[HW12，PRT12]独立发现的。提出的匹配下界是由 Frischknecht 等人[FHW12]提出的，扩展了[DHK+11]的技术。

由于其在网络设计中的重要性，一般的最短路径问题，特别是 APSP 问题是分布式计算中最早研究的问题之一。所开发的算法被立即使用，例如，早在 1969 年就被用于 ARPANET(见[Lyn96]，p. 506)。在[Taj77，MS79，MRR80，SS80，CM82]和其他许多论文中，通过最短路径路由信息被广泛讨论，并认为是有益的。不足为奇的是，有大量的文献涉及分布式 APSP 的算法，但大多数都集中在次要目标上，如用时间换取消息的复杂度。例如，论文[AR78，Tou80，Che82]获得了大约 $O(n \cdot m)$位/消息的通信复杂度，但仍然需要超线性的运行时间。同时，大量的精力被花费以获得各种版本的计算 APSP 或相关问题(如直径问题)的快速顺序算法，例如，[CW90，AGM91，AMGN92，Sei95，SZ99，BVW08]。这些算法是基于快速矩阵乘法的，如由于[Wil12]，目前最好的运行时间是 $O(n^{2.3727})$。

需要区分直径 2 和 4 的问题集是受 Aingworth 等人在顺序设置中的组合(×，3/2)近似的启发。[ACIM99]。这个近似的主要思想是区分直径 2 和 4。这个部分在[HW12]中被转移到分布式设置中。

两方通信复杂度是由 Andy Yao 在[Yao79]中提出的。后来，Yao 获得了图灵奖。Nisan 和 Kushilevitz 的书[KN97]是对通信复杂度的一个很好的介绍，其中涵盖了诸如混淆集的技术。

9.6 参考文献

[ACIM99] D. Aingworth, C. Chekuri, P. Indyk, and R. Motwani. Fast Estimation of Diameter and Shortest Paths (Without Matrix Multiplication). *SIAM Journal on Computing (SICOMP)*, 28(4):1167–1181, 1999.

[AGM91] N. Alon, Z. Galil, and O. Margalit. On the exponent of the all pairs shortest path problem. In *Proceedings of the 32nd Annual IEEE Symposium on Foundations of Computer Science (FOCS)*, pages 569–575, 1991.

[AMGN92] N. Alon, O. Margalit, Z. Galilt, and M. Naor. Witnesses for Boolean Matrix Multiplication and for Shortest Paths. In *Proceedings of the 33rd Annual Symposium on Foundations of Computer Science (FOCS)*, pages 417–426. IEEE Computer Society, 1992.

[AR78] J.M. Abram and IB Rhodes. A decentralized shortest path algorithm. In *Proceedings of the 16th Allerton Conference on Communication, Control and Computing (Allerton)*, pages 271–277, 1978.

[BVW08] G.E. Blelloch, V. Vassilevska, and R. Williams. A New Combinatorial Approach for Sparse Graph Problems. In *Proceedings of the 35th international colloquium on Automata, Languages and Programming, Part I (ICALP)*, pages 108–120. Springer-Verlag, 2008.

[Che82] C.C. Chen. A distributed algorithm for shortest paths. *IEEE Transactions on Computers (TC)*, 100(9):898–899, 1982.

[CM82] K.M. Chandy and J. Misra. Distributed computation on graphs: Shortest path algorithms. *Communications of the ACM (CACM)*, 25(11):833–837, 1982.

[CW90] D. Coppersmith and S. Winograd. Matrix multiplication via arithmetic progressions. *Journal of symbolic computation (JSC)*, 9(3):251–280, 1990.

[DHK+11] A. Das Sarma, S. Holzer, L. Kor, A. Korman, D. Nanongkai, G. Pandurangan, D. Peleg, and R. Wattenhofer. Distributed Verification and Hardness of Distributed Approximation. *Proceedings of the 43rd annual ACM Symposium on Theory of Computing (STOC)*, 2011.

[FHW12] S. Frischknecht, S. Holzer, and R. Wattenhofer. Networks Cannot Compute Their Diameter in Sublinear Time. In *Proceedings of the 23rd annual ACM-SIAM Symposium on Discrete Algorithms (SODA)*, pages 1150–1162, January 2012.

[HW12] Stephan Holzer and Roger Wattenhofer. Optimal Distributed All Pairs Shortest Paths and Applications. In *PODC*, page to appear, 2012.

[KN97] E. Kushilevitz and N. Nisan. *Communication complexity.* Cambridge University Press, 1997.

[Lyn96] Nancy A. Lynch. *Distributed Algorithms.* Morgan Kaufmann Publishers Inc., San Francisco, CA, USA, 1996.

[MRR80] J. McQuillan, I. Richer, and E. Rosen. The new routing algorithm for the ARPANET. *IEEE Transactions on Communications (TC)*, 28(5):711–719, 1980.

[MS79] P. Merlin and A. Segall. A failsafe distributed routing protocol. *IEEE Transactions on Communications (TC)*, 27(9):1280–1287, 1979.

[PRT12] David Peleg, Liam Roditty, and Elad Tal. Distributed Algorithms for Network Diameter and Girth. In *ICALP*, page to appear, 2012.

[Sei95] R. Seidel. On the all-pairs-shortest-path problem in unweighted undirected graphs. *Journal of Computer and System Sciences (JCSS)*, 51(3):400–403, 1995.

[SS80] M. Schwartz and T. Stern. Routing techniques used in computer communication networks. *IEEE Transactions on Communications (TC)*, 28(4):539–552, 1980.

[SZ99] A. Shoshan and U. Zwick. All pairs shortest paths in undirected graphs with integer weights. In *Proceedings of the 40th Annual IEEE Symposium on Foundations of Computer Science (FOCS)*, pages 605–614. IEEE, 1999.

[Taj77] W.D. Tajibnapis. A correctness proof of a topology information maintenance protocol for a distributed computer network. *Communications of the ACM (CACM)*, 20(7):477–485, 1977.

[Tou80] S. Toueg. An all-pairs shortest-paths distributed algorithm. *Tech. Rep. RC 8327, IBM TJ Watson Research Center, Yorktown Heights, NY 10598, USA*, 1980.

[Wil12] V.V. Williams. Multiplying Matrices Faster Than Coppersmith-Winograd. *Proceedings of the 44th annual ACM Symposium on Theory of Computing (STOC)*, 2012.

[Yao79] A.C.C. Yao. Some complexity questions related to distributive computing. In *Proceedings of the 11th annual ACM symposium on Theory of computing (STOC)*, pages 209–213. ACM, 1979.

同　步

到目前为止，我们主要研究了同步算法。一般来说，异步算法更难掌握。同时，推理异步算法也比推理同步算法要难得多。例如，在异步系统中，高效计算 BFS 树(第 2 章)需要更多的工作。然而，许多真实的系统不是同步的，因此我们必须设计异步算法。在本章中，我们将研究一般的模拟技术，称为同步器，它允许同步算法在异步环境中运行。

10.1 基础知识

同步器在网络的每个节点生成满足以下定义条件的时钟脉冲序列。

定义 10.1(有效时钟脉冲) 如果一个在节点 v 生成的时钟脉冲是在 v 收到其邻节点在之前的脉冲中发送给 v 的同步算法的所有消息之后生成的，我们称之为有效时钟脉冲。

给定一个生成时钟脉冲的机制，同步算法就会以显著的方式变成异步算法。一旦第 i 个时钟脉冲在节点 v 生成，v 就执行同步算法第 i 轮的所有命令(本地计算和发送消息)。

定理 10.2 如果根据定义 10.1 生成的所有时钟脉冲都是有效的，那么上述方法提供了一个异步算法，其表现得与给定的同步算法完全相同。

证明： 当第 i 个脉冲在节点 v 生成时，v 已经发送和接收了完全相同的消息，并进行了与同步算法的前 $i-1$ 轮相同的本地计算。

在节点 v 生成时钟脉冲时的主要问题是，v 不能知道它的邻节点在给定的同步轮中向它发送什么消息。因为链路延迟没有界限，v 不能简单地在生成下一个脉冲前等待足够长的时间。为了满足定义 10.1，节点必须为同步发送额外的消息。由此产生的异步算法的总复杂度取决于同步器引入的开销。对于一个同步器 $\mathcal{S}$，设 $T(\mathcal{S})$和 $M(\mathcal{S})$分别为 $\mathcal{S}$ 对每个生成的时钟脉冲的时间和消息复杂度。正如我们将看到的，一些同步器需要一个初始化阶段。我们分别用 $T_{\text{init}}(\mathcal{S})$和 $M_{\text{init}}(\mathcal{S})$来表示初始化的时间和消息复杂度。如果 $T(\mathcal{A})$和 $M(\mathcal{A})$是给定的同步算法 $\mathcal{A}$ 的时间和消息复杂度，那么

产生的异步算法的总时间和消息复杂度 T_{tot} 和 M_{tot} 就分别变成了

$$T_{tot}=T_{init}(\mathcal{S})+T(\mathcal{A})\cdot(1+T(\mathcal{S}))\text{和}$$
$$M_{tot}=M_{init}(\mathcal{S})+M(\mathcal{A})+T(\mathcal{A})\cdot M(\mathcal{S})$$ ■

备注：

- 因为只需要对每个网络做一次初始化，所以我们主要对同步算法每轮的开销 $T(\mathcal{S})$和 $M(\mathcal{S})$感兴趣。

定义 10.3(安全节点)　如果一个节点 v 在某个时钟脉冲中发送的同步算法的所有消息都已经到达目的地，那么该节点相对于该确定的时钟脉冲是安全的。

引理 10.4　如果节点 v 的所有邻节点相对于 v 的当前时钟脉冲都是安全的，那么可以为 v 生成下一个脉冲。

证明：如果 v 的所有邻节点对于某个脉冲都是安全的，那么 v 已经收到了该脉冲的所有消息。因此，节点 v 满足定义 10.1 中关于生成下一个有效脉冲的条件。 ■

备注：

- 为了检测安全性，我们要求所有的算法为所有收到的消息发送确认信息。只要节点 v 收到了它在某个脉冲中发送的每个消息的确认，它就知道它对该脉冲是安全的。请注意，发送确认并不增加渐近时间和消息复杂度。

10.2　本地同步器 α

同步器 α 非常简单。它不需要初始化。其使用确认，每个节点最终检测到它是安全的。然后，它直接向其所有的邻节点报告这一事实。每当一个节点得知其所有邻节点都是安全的，就会生成一个新的脉冲。算法 10.5 正式描述了同步器 α。

算法 10.5　同步器 α(在节点 v)

1. 等待直到 v 是安全的
2. 将 SAFE 发送给所有的邻居
3. 等待直到 v 从所有邻居那收到了 SAFE 消息
4. 生成新的脉冲

定理 10.6 同步器 α 每轮同步的时间和消息复杂度为

$$T(\alpha)=O(1)\text{和}M(\alpha)=O(m)$$

证明： 通信只在邻节点之间进行。只要节点 v 的所有邻节点变得安全，v 就会在一个额外的单位时间后知道这个事实。对于每个时钟脉冲，同步器 α 在每个边上最多发送四个额外的消息：每个节点可能都要确认消息并报告安全。 ■

备注：

- 同步器 α 是在框架中提出的，主要是为了有一个共同的标准来讨论不同的同步器而设置的。如果没有这个框架，同步器 α 可以更容易地被解释。
  1. 向所有邻节点发送消息，包括第 i 轮信息和第 i 轮的实际数据（如果有的话）。
  2. 等待来自所有邻节点的第 i 轮信息，并进入下一轮。
- 尽管同步器 α 允许简单且快速的同步，但它产生的消息却非常多。我们可以做得更好吗？可以。

10.3 全局同步器 β

同步器 β 需要初始化，计算一个领导人节点 ℓ 和一个以 ℓ 为根的生成树 T。一旦所有的节点都是安全的，这个消息就会敛播到 ℓ。然后，领导人将该消息广播给所有节点。同步器 β 的细节在算法 10.7 中给出。

算法 10.7 同步器 β(在节点 v)

```
1. 等待直到 v 是安全的
2. 等待直到 v 接收到其在 T 中的所有孩子的 SAFE 消息
3. if v≠ℓ then
4.   发送 SAFE 消息给 T 中的父节点
5.   等待直到接收到来自 T 中父节点的 PULSE 消息
6. end if
7. 将 PULSE 消息发送给 T 中的孩子
8. 生成新的脉冲
```

定理 10.8 同步器β每轮同步的时间和消息复杂度为

$$T(\beta)=O(\text{diameter}(T))\leqslant O(n) \text{和} M(\beta)=O(n)$$

初始化的时间和消息复杂度为

$$T_{\text{init}}(\beta)=O(n) \text{和} M_{\text{init}}(\beta)=O(m+n\log n)$$

证明： 因为 T 的直径最多为 $n-1$，所以敛播和广播总共最多需要 $2n-2$ 个时间单位。每个时钟脉冲，同步器最多发送 $2n-2$ 个同步信息(在 T 的每个边的每个方向发送一个)。

通过第 2 章中提到的 GHS 算法的改进版本(算法 2.18)，可以在异步环境中用 $O(m+n\log n)$消息在 $O(n)$时间内构造一个 MST。一旦树被计算出来就可以在 $O(n)$时间内用 $O(n)$消息使树生根。■

备注：

- 我们现在有了一个时间效率高的同步器α和一个消息效率高的同步器β，很自然地要问我们是否能得到这两个世界的最好结果。事实上，我们可以。这个同步器叫什么呢？很明显，是γ。

10.4 混合同步器γ

同步器γ可以被看作是同步器α和β的组合。在初始化阶段，网络被划分为小直径的集群。在每个集群中，选择一个领导人节点，并计算以该领导人节点为根的 BFS 树。这些树被称为集群内树。如果有节点 $u\in C_1$ 和 $v\in C_2$，且$(u, v)\in E$，则两个集群 C_1 和 C_2 被称为相邻的集群。图 10.9 说明了这种集群划分。我们将在下一节讨论如何构建这种分区的细节。我们说，如果一个集群的所有节点都是安全的，那么它就是安全的。

同步器γ工作分两个阶段。在第一阶段，同步器β使用集群内的树并分别应用于每个集群。每当一个集群的领导人得知它的集群是安全的，它就把这个事实报告给集群中的所有节点以及附近集群的领导人。之后，集群的节点进入第二阶段——等待，直到所有邻近的集群都知道是安全的，然后生成下一个脉冲。因此，我们基本上是在集群之间应用同步器α。算法 10.10 给出了详细的描述。

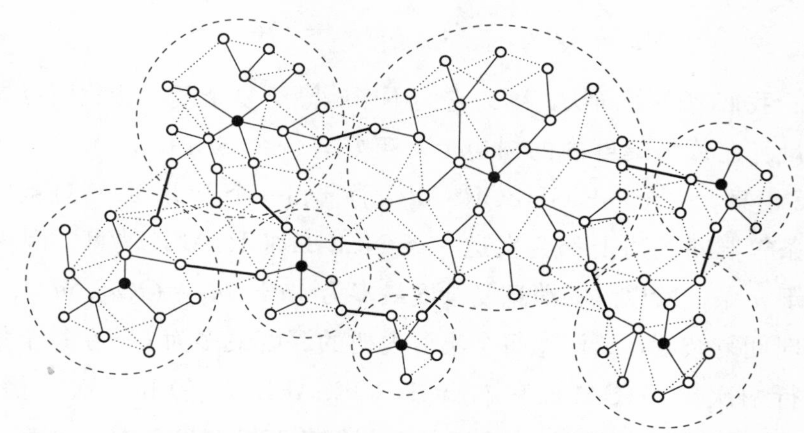

图 10.9　网络的集群划分。虚线循环指定了集群，集群领导人是黑色的，实线是集群内树的边，黑体实线是集群间的边

算法 10.10　同步器 γ(在节点 v)

1. 等待直到 v 是安全的
2. 等待直到 v 接收到在集群内树的所有孩子的 SAFE 消息

3. **if** v 不是集群的领导人 **then**
4. 　发送 SAFE 消息给集群内树的父节点
5. 　等待直到接收到来自父节点的 CLUSTERSAFE 消息
6. **end if**
7. 将 CLUSTERSAFE 消息发送给集群内树的所有孩子
8. 发送 NEIGHBORSAFE 消息在所有的集群间边缘的 v
9. 等待，直到 v 接收到所有相邻的集群间边缘和集群内树中所有子节点的 NEIGHBORSAFE 消息

10. **if** v 不是集群的领导人 **then**
11. 　发送 NEIGHBORSAFE 消息给集群内树的父节点
12. 　等待直到接收到来自父节点的 PULSE 消息
13. **end if**
14. 发送 PULSE 消息给在集群内树的孩子
15. 生成新的脉冲

定理 10.11　设 m_C 为集群间边的数量，设 k 为最大集群半径(即叶子与集群领导人的最大距离)。同步器 γ 的时间和消息复杂度为

$$T(\gamma)=O(k) \quad 和 \quad M(\gamma)=O(n+m_C)$$

证明：我们忽略了确认，因为它们不影响渐近复杂度。让我们首先看一下消息的数量。在每个集群内的树边上，正好有一个 SAFE 消息、一个 CLUSTERSAFE 消息、一个 NEIGHBORSAFE 消息和一个 PULSE 消息被发送。此外，在每条集群间的边上都会发送一条 NEIGHBORSAFE 消息。因为集群内的树边少于 n 条，所以总的消息复杂度最多为 $4n+2m_C=O(n+m_C)$。

对于时间复杂度，请注意每个集群内树的深度最多为 k。在每个集群内树上，要进行两次敛播（SAFE 和 NEIGHBORSAFE 消息）和两次广播（CLUSTERSAFE 和 PULSE 消息）。这方面的时间复杂度最多只有 $4k$。还有一个单位时间需要通过集群间的边发送 NEIGHBORSAFE 消息。因此，总的时间复杂度最多为 $4k+1=O(k)$。 ■

10.5　网络分区

我们现在来看看同步器 γ 的初始化阶段。算法 10.12 描述了如何构建一个可用于同步器 γ 的集群分区。在算法 10.12 中，$B(v, r)$代表 v 周围半径为 r 的球，即$B(v, r)=\{u\in V: d(u, v)\leqslant r\}$，其中 $d(u, v)$是 u 和 v 之间的跳跃距离。算法有一个参数 $\rho>1$。集群以串行的方式被构建。每个集群从一个未被纳入集群的任意节点开始。然后，只要集群的增长系数超过 ρ，集群的半径就会增长。

算法 10.12　集群构建

1. **while** 未处理的节点 **do**
2. 　选择一个任意未处理的节点 v
3. 　$r:=0$
4. 　**while** $|B(v, r+1)|>\rho|B(v, r)|$ **do**
5. 　　$r:=r+1$
6. 　**end while**
7. 　makeCluster($B(v, r)$)　　　// 在 $B(v, r)$上所有的节点现在被处理了
8. **end while**

备注：

- 该算法允许在集群直径 k（也是时间复杂度）和集群间边数 m_C（因此

是消息复杂度)之间进行权衡。我们将在下一节对这些概率进行量化。

- 两个非常简单的分区是将每个节点做成一个集群，或者做成一个包含整个图的大集群。然后我们得到同步器 α 和 β 作为同步器 γ 的特例。

定理 10.13 算法 10.12 计算了网络图的分区，将其分为半径最多为 $\log_\rho n$ 的集群，集群间边的数量最多为 $(\rho-1)\cdot n$。

证明： 集群的半径最初为 0，只要它的增长系数大于 ρ 就会增长。由于图中只有 n 个节点，这最多可以发生 $\log_\rho n$ 次。

为了计算集群间边的数量，可以观察到一条边只有在连接一个集群边界的节点和一个集群外的节点时才能成为集群间的边。考虑一个大小为 $|C|$ 的集群 C。我们知道，对于某些 $v\in V$ 和 $r\geqslant 0$，$C=B(v, r)$。此外我们知道 $|B(v, r+1)|\leqslant\rho\cdot|B(v, r)|$。因此，与集群 C 相邻的节点数最多为 $|B(v, r+1)\setminus B(v, r)|\leqslant\rho\cdot|C|-|C|$。因为根据定义，连接两个集群的集群间边只有一条，所以与 C 相邻的集群间边的数量最多是 $(\rho-1)\cdot|C|$。对所有集群求和，我们得到集群间边的总数最多为 $(\rho-1)\cdot n$。 ■

推论 10.14 若 $\rho=2$，算法 10.12 计算出的聚类半径最多为 $\log_2 n$，集群间边最多有 n 条。

推论 10.15 若 $\rho=n^{1/k}$，算法 10.12 计算出集群半径最多为 k，集群间边最多为 $O(n^{1+1/k})$ 条。

备注：

- 算法 10.12 描述了图的分区的集中式构造。对于 $\rho\geqslant 2$，聚类可以通过异步分布式算法在 $O(n)$ 时间内用 $O(m+n\log n)$(合理大小)的消息计算出来(展示这些将是练习的一部分)。
- 可以证明，算法 10.12 在集群半径和集群间边数之间的权衡是渐近最优的。在一些图中，对于常数 c，每一个半径为 k 的集群都需要 $n^{1+c/k}$ 的集群间边。

上述备注描述了同步器 γ 复杂度的完整特性。

推论 10.16 同步器 γ 每轮同步的时间和消息复杂度为

$$T(\gamma)=O(k)\quad 和\quad M(\gamma)=O(n^{1+1/k})$$

初始化的时间和消息复杂度为

$$T_{\text{init}}(\gamma)=O(n) \quad \text{和} \quad M_{\text{init}}(\gamma)=O(m+n\log n)$$

备注：

- 在第2章中，你已经看到，通过使用洪泛，有一个非常简单的同步算法来计算BFS树，其时间为$O(D)$，消息复杂度为$O(m)$。如果我们使用同步器γ来使这个算法成为异步的，我们会得到一个时间复杂度为$O(n+D\log n)$，消息复杂度为$O(m+n\log n+D\cdot n)$的算法(包括初始化)。
- 同步器α、β和γ实现了全局同步，每个节点都生成了每个时钟脉冲。这样做的缺点是，不参与计算的节点也必须参与同步。在许多计算中(例如在BFS构造中)，许多节点只参与了几个同步回合。在这种情况下，有可能实现每轮同步的时间和消息复杂度为$O(\log^3 n)$(不含初始化)。
- 可以证明，如果网络中的所有节点都需要生成所有的脉冲，那么同步器γ的权衡是渐近最优的。
- 将网络划分为小直径的集群和用小直径的集群覆盖网络有许多变化，并在分布式计算中有着各种应用。特别是，除了同步器，路由算法、稀疏生成子图的构建、分布式数据结构，甚至本地结构的计算，如MIS或支配集，都基于某种网络分区或覆盖。

10.6 时钟同步

“有一个钟的人知道现在是什么时候——有两个钟的人永远无法确定。”

同步器可以直接用于给异步网络中的节点提供一个共同的时间概念。例如，在无线网络中，许多基本协议需要一个准确的时间。有时，整个网络需要一个共同的时间，通常这足以让邻节点们同步。时分多址(TDMA)协议的目的是尽可能有效地使用共同的无线信道，即互相干扰的节点不应该在同一时间(同一频率)发射。如果我们使用同步器β来给节点一个共同的时间概念，每一个时钟周期都要花费D个时间单位。

通常，每个(无线)节点都配备了一个内部时钟。利用这个时钟，应该可以把时间分成几个时隙，并根据所使用的介质访问控制(MAC)层协议，使每个节点在适当的时隙发送(分别地监听或睡眠)。

然而，事实证明，在网络中同步时钟并不是一件小事。由于节点的内部时钟并不完美，它们的运行速度将与时间有关。例如，温度或电源电压的变化将影响这种时钟偏移。对于标准时钟来说，偏移是百万分之一的数量级，也就是说，在一秒钟内，它将累积到几微秒的时间。无线 TDMA 协议通过引入保护时间来解决这个问题。每当一个节点知道它即将收到来自邻节点的消息，它就会提前打开它的无线电，以确保它不会错过消息，即使在时钟不完全同步的情况下。如果节点的同步性很差，不同时隙的信息可能会发生碰撞。

在时钟同步问题中，我们得到一个有 n 个节点的网络(图)。每个节点的目标是要有一个逻辑时钟，使逻辑时钟值同步良好，并接近于实际时间。每个节点都配备了一个硬件时钟，它比实际时间或快或慢地跳动，即两个脉冲之间的时间是任意的$[1-\varepsilon, 1+\varepsilon]$，其中常数 $\varepsilon \ll 1$。与我们的异步模型类似，我们假设通过图的边发送的消息有一个$[0, 1]$之间的传递时间。换句话说，我们在硬件时钟上有一个有约束但可变的偏移，在传递时间上有一个任意的抖动。我们的目标是设计一种消息传递算法，确保相邻节点的逻辑时钟偏移在任何时候都尽可能小。

定理 10.17　全局时钟偏移(图中任何两个节点之间的逻辑时钟差)是 $\Omega(D)$，其中 D 是图的直径。

证明： 对于一个节点 u，假设 t_u 是 u 的逻辑时间，$(u \rightarrow v)$表示从 u 发送到节点 v 的消息。假设 $t(m)$是一个消息 m 的时间延迟，u 和 v 是相邻的节点。首先考虑一种情况，即 u 和 v 之间的消息延迟是 1/2。那么，根据发送方的时钟，u 和 v 在时间 i 发送的所有消息，根据接收方的时钟，在时间 $i+1/2$ 到达。

然后考虑以下情况：

- $t_u = t_v + 1/2$，$t(u \rightarrow v) = 1$，$t(v \rightarrow u) = 0$。
- $t_u = t_v - 1/2$，$t(u \rightarrow v) = 0$，$t(v \rightarrow u) = 1$。

其中消息传递时间对一个节点来说总是快的，对另一个节点来说是慢的，而且逻辑时钟偏移 1/2。在这两种情况下，发送方的时钟在时间 i 发送的消息，接收方的逻辑时钟显示在时间 $i+1/2$ 到达。因此，对于节点 u 和 v

来说，两种有时钟偏移的情况似乎都与完全同步时钟的情况相同。此外，在一个由 D 个节点组成的链表中，最左边和最右边的节点 l，r 不能区分 $t_1=t_r+D/2$ 与 $t_1=t_r-D/2$。 ■

备注：

- 从定理 10.17 可以直接看出，我们研究的所有时钟同步算法的全局偏移都是$\Omega(D)$。
- 许多自然算法能够实现 $O(D)$的全局时钟偏移。

由于消息抖动和硬件时钟偏移都是由常数来约束的，所以感觉我们应该能够在相邻节点之间得到一个恒定的偏移。由于同步器 α 最关注本地同步，我们看一下受同步器 α 启发的协议。算法 10.18 中给出了时钟同步协议 α 的伪代码表示。

算法 10.18　时钟同步 α(在节点 v)

1. **repeat**
2. 　发送逻辑时间 t_v 给所有邻居
3. 　**if** 从任何邻居 u 收到逻辑时间 t_u，其中 $t_u>t_v$ **then**
4. 　　$t_v:=t_u$
5. 　**end if**
6. **until** 完成

引理 10.19　时钟同步协议 α 的本地偏移为 $\Omega(n)$。

证明：假设图成为一个由 D 个节点组成的链表。我们用 v_1，v_2，…，v_D 从左到右表示这些节点，用 t_i 表示节点 v_i 的逻辑时钟。除了最左边的节点 v_1 之外，所有的硬件时钟都以 1 的速度运行(实时)。节点 v_1 以最大速度运行，即两个脉冲之间的时间不是 1，而是 $1-\varepsilon$。假设最初所有的信息延迟都是 1。一段时间后，节点 v_1 将开始加速 v_2，再过一段时间 v_2 将加速 v_3，以此类推。在某个时间点上，我们在任何两个邻节点之间都会有一个 1 的时钟偏移。特别是 $t_1=t_D+D-1$。

现在我们开始在信息延迟上做文章。假设 $t_1=T$。首先我们把 v_1 和 v_2 之间的延迟设置为 0，现在节点 v_2 立即将其逻辑时钟调整为 T。在这个事件(在我们的模型中是瞬时的)之后，我们将 v_2 和 v_3 之间的延迟设置为 0，这导致 v_3 也将其逻辑时钟设置为 T。我们对所有的节点对连续地执行这个操作，直到 v_{D-2} 和 v_{D-1}。现在节点 v_{D-1} 将其逻辑时钟设置为 T，这表明 v_{D-1} 和 v_D 的逻辑时钟之间的差异是 $T-(T-(D-1))=D-1$。■

备注：

- 所介绍的例子似乎是熟能生巧，但这样的例子存在于所有网络中，也存在于所有算法中。事实上，已经证明任何自然的时钟同步算法都必须有一个差的本地偏移。特别是，一个在所有邻节点之间取均值的协议甚至比引入的 α 算法更糟糕。在任何时候，这种算法在链表中都有 $\Omega(D^2)$的时钟偏移。
- 研究表明，本地时钟偏移是 $\Theta(\log D)$，即有一个协议可以达到这个界限，而且已证明，没有任何算法可以比这个界限更好。
- 请注意，这些是最坏情况下的界限。在实践中，时钟偏移和消息延迟可能不是最坏的情况，通常硬件时钟的速度变化相对较慢，消息传输时间遵循良性的概率分布。如果我们假设如此，确实存在更好的协议。

10.7　本章注释

同步器背后的思想是非常直观的，因此，同步器 α 和 β 在被提出作为单独的实体之前，已经隐含地用于各种异步算法[Gal76，Cha79，CL85]。在异步网络中应用同步器来运行同步算法的一般思想是由 Awerbuch[Awe85a]首次提出的。他的工作还正式引入了同步器 α 和 β。在[AP90，PU87]中提出了利用不活动节点或超立方体网络改进的同步器。

当然，由于同步器产生的动机为本地时钟的实际困难，所以在现实生活中也有很多的应用。关于应用的研究可以在例如，[SM86，Awe85b，LTC89，AP90，PU87]中找到。[AP88，HS94]中讨论了在网络故障情况下的同步器。

很长时间以来，人们都知道全局时钟偏移是 $\Theta(D)$[LL84，ST87]。Fan 和 Lynch 在[LF04]中提出了同步邻节点时钟的问题，他们证明了本地偏移的惊人下界为 $\Omega(\log D/\log\log D)$。在[LW06]中给出了第一个提供$O(\sqrt{D})$的非显著本地偏移的算法。后来，在[LLW10]中给出了 $\Theta(\log D)$的匹配上界和下界。这个问题在动态环境下也被研究过[KLO09，KLLO10]。

时钟同步是一个在实践中得到充分研究的问题，例如关于传感器网络中的全局时钟偏移，如[EGE02，GKS03，MKSL04，PSJ04]。最近的一个工作重点是最小化本地时钟偏移的问题[BvRW07，SW09，LSW09，FW10，FZTS11]。

10.8 参考文献

[AP88] Baruch Awerbuch and David Peleg. Adapting to Asynchronous Dynamic Networks with Polylogarithmic Overhead. In *24th ACM Symposium on Foundations of Computer Science (FOCS)*, pages 206–220, 1988.

[AP90] Baruch Awerbuch and David Peleg. Network Synchronization with Polylogarithmic Overhead. In *Proceedings of the 31st IEEE Symposium on Foundations of Computer Science (FOCS)*, 1990.

[Awe85a] Baruch Awerbuch. Complexity of Network Synchronization. *Journal of the ACM (JACM)*, 32(4):804–823, October 1985.

[Awe85b] Baruch Awerbuch. Reducing Complexities of the Distributed Max-flow and Breadth-first-search Algorithms by Means of Network Synchronization. *Networks*, 15:425–437, 1985.

[BvRW07] Nicolas Burri, Pascal von Rickenbach, and Roger Wattenhofer. Dozer: Ultra-Low Power Data Gathering in Sensor Networks. In *International Conference on Information Processing in Sensor Networks (IPSN), Cambridge, Massachusetts, USA*, April 2007.

[Cha79] E.J.H. Chang. *Decentralized Algorithms in Distributed Systems*. PhD thesis, University of Toronto, 1979.

[CL85] K. Mani Chandy and Leslie Lamport. Distributed Snapshots: Determining Global States of Distributed Systems. *ACM Transactions on Computer Systems*, 1:63–75, 1985.

[EGE02] Jeremy Elson, Lewis Girod, and Deborah Estrin. Fine-grained Network Time Synchronization Using Reference Broadcasts. *ACM SIGOPS Operating Systems Review*, 36:147–163, 2002.

[FW10] Roland Flury and Roger Wattenhofer. Slotted Programming for Sensor Networks. In *International Conference on Information Processing in Sensor Networks (IPSN), Stockholm, Sweden*, April 2010.

[FZTS11] Federico Ferrari, Marco Zimmerling, Lothar Thiele, and Olga Saukh. Efficient Network Flooding and Time Synchronization with Glossy. In *Proceedings of the 10th International Conference on Information Processing in Sensor Networks (IPSN)*, pages 73–84, 2011.

[Gal76] Robert Gallager. Distributed Minimum Hop Algorithms. Technical report, Lab. for Information and Decision Systems, 1976.

[GKS03] Saurabh Ganeriwal, Ram Kumar, and Mani B. Srivastava. Timing-sync Protocol for Sensor Networks. In *Proceedings of the 1st international conference on Embedded Networked Sensor Systems (SenSys)*, 2003.

[HS94] M. Harrington and A. K. Somani. Synchronizing Hypercube Networks in the Presence of Faults. *IEEE Transactions on Computers*, 43(10):1175–1183, 1994.

[KLLO10] Fabian Kuhn, Christoph Lenzen, Thomas Locher, and Rotem Oshman. Optimal Gradient Clock Synchronization in Dynamic Networks. In *29th Symposium on Principles of Distributed Computing (PODC), Zurich, Switzerland*, July 2010.

[KLO09] Fabian Kuhn, Thomas Locher, and Rotem Oshman. Gradient Clock Synchronization in Dynamic Networks. In *21st ACM Symposium on Parallelism in Algorithms and Architectures (SPAA), Calgary, Canada*, August 2009.

[LF04] Nancy Lynch and Rui Fan. Gradient Clock Synchronization. In *Proceedings of the 23rd Annual ACM Symposium on Principles of Distributed Computing (PODC)*, 2004.

[LL84] Jennifer Lundelius and Nancy Lynch. An Upper and Lower Bound for Clock Synchronization. *Information and Control*, 62:190–204, 1984.

[LLW10] Christoph Lenzen, Thomas Locher, and Roger Wattenhofer. Tight Bounds for Clock Synchronization. In *Journal of the ACM, Volume 57, Number 2*, January 2010.

[LSW09] Christoph Lenzen, Philipp Sommer, and Roger Wattenhofer. Optimal Clock Synchronization in Networks. In *7th ACM Conference on Embedded Networked Sensor Systems (SenSys), Berkeley, California, USA*, November 2009.

[LTC89] K. B. Lakshmanan, K. Thulasiraman, and M. A. Comeau. An Efficient Distributed Protocol for Finding Shortest Paths in Networks with Negative Weights. *IEEE Trans. Softw. Eng.*, 15:639–644, 1989.

[LW06] Thomas Locher and Roger Wattenhofer. Oblivious Gradient Clock Synchronization. In *20th International Symposium on Distributed Computing (DISC), Stockholm, Sweden*, September 2006.

[MKSL04] Miklós Maróti, Branislav Kusy, Gyula Simon, and Ákos Lédeczi. The Flooding Time Synchronization Protocol. In *Proceedings of the 2nd international Conference on Embedded Networked Sensor Systems*, SenSys '04, 2004.

[PSJ04] Santashil PalChaudhuri, Amit Kumar Saha, and David B. Johnson. Adaptive Clock Synchronization in Sensor Networks. In *Proceedings of the 3rd International Symposium on Information Processing in Sensor Networks*, IPSN '04, 2004.

[PU87] David Peleg and Jeffrey D. Ullman. An Optimal Synchronizer for the Hypercube. In *Proceedings of the sixth annual ACM Symposium on Principles of Distributed Computing*, PODC '87, pages 77–85, 1987.

[SM86] Baruch Shieber and Shlomo Moran. Slowing Sequential Algorithms for Obtaining Fast Distributed and Parallel Algorithms: Maximum Matchings. In *Proceedings of the fifth annual ACM Symposium on Principles of Distributed Computing*, PODC '86, pages 282–292, 1986.

[ST87] T. K. Srikanth and S. Toueg. Optimal Clock Synchronization. *Journal of the ACM*, 34:626–645, 1987.

[SW09] Philipp Sommer and Roger Wattenhofer. Gradient Clock Synchronization in Wireless Sensor Networks. In *8th ACM/IEEE International Conference on Information Processing in Sensor Networks (IPSN), San Francisco, USA*, April 2009.

稳 定 性

分布式计算的一大研究分支是关于容错的。在试图在正常工作的节点之间达成共识(例如，关于一个函数的输出)的同时，能够容忍相当一部分故障甚至恶意行为(拜占庭)的节点，对于建立可靠的系统是至关重要的。然而，共识协议要求大多数节点始终保持无故障。

我们能否设计一个分布式系统，即使所有的节点都暂时失效，也能在瞬时(短暂)的故障中存活下来？换句话说，我们能建立一个能自我修复的分布式系统吗？

11.1 自稳定性

定义 11.1(自稳定性) 如果一个分布式系统从一个任意的状态开始，它能保证收敛到一个合法状态，那么它就是自稳定的。如果系统处于合法状态，只要没有进一步的故障发生，它就能保持在这个状态。如果一个状态满足分布式系统的规范，那么这个状态就是合法的。

备注：

- 我们可以容忍什么样的瞬时故障？敌人可以使节点崩溃，或使节点表现得恶意。事实上，敌人可以暂时地用更糟糕的方式造成伤害，例如，通过破坏节点的易失性内存(在节点没有注意到的情况下——与电影 *Memento* 不一样)，或者在飞行中破坏消息(没有人注意到)。然而，由于所有的故障都是短暂的，最终所有的节点必须再次正常工作，也就是说，崩溃的节点得到复活，节点不再是恶意的，消息正在被可靠地传递，节点的内存是安全的。
- 显然，只读存储器(ROM)在任何时候都必须成为敌人的禁忌。如果程序代码本身或常数被破坏，任何系统都无法自我修复。敌人只能破坏易失性的随机存取存储器(RAM)中的变量。

定义 11.2(时间复杂度) 自稳定系统的时间复杂度是指在最后一次(瞬时)失败后，直到系统再次收敛到合法状态、保持合法状态所经过的时间。

备注：

- 自稳定使分布式系统能够从瞬时故障中恢复，无论其性质如何。自稳定系统不需要初始化，因为它最终(在收敛之后)会表现得很正确。
- 最早的自稳定算法之一是 Dijkstra 的令牌环网。令牌环是局域网的一种早期形式，节点被安排在一个环中，通过令牌进行通信。如果环中正好有一个令牌，那么这个系统就是正确的。让我们来看看一个简单的解决方案。给定一个定向环，我们简单地称顺时针方向的邻节点为父(p)，逆时针方向的邻节点为子(c)。同时，有一个领导人节点 v_0。每个节点 v 都处于一个状态 $S(v)\in\{0, 1, \cdots, n\}$，并永远地将自己的状态告知其子。节点切换状态时，令牌会隐式地传递。一旦注意到父辈状态 $S(p)$的变化，节点 v 就会执行以下代码。

算法 11.3 自稳定令牌环

```
1. if v=v0 then
2.   if S(v)=S(p) then
3.     S(v) :=S(v)+1(mod n)
4.   end if
5. else
6.   S(v) :=S(p)
7. end if
```

定理 11.4 算法 11.3 能正确稳定。

证明： 只要有些节点或边是有缺陷的，任何事情都可能发生。在自稳定中，我们只考虑所有故障已经发生后的系统(在时间 t，然而从任意的一个状态开始)。

除了领导人 v_0 之外，每个节点都会获得其父辈的状态。可能发生的情况是，一个又一个的节点会了解领导人的当前状态。在这种情况下，当领导人在时间 t_0 之后最多增加 n 个单位时间的状态时，系统就会稳定下来。然而，即使系统不稳定，领导人也可能增加其状态，例如，因为其父或父的父在时间 t_0 时意外地具有相同的状态。

领导人可能会多次增加其状态而不达到稳定，然而，在某一时刻，领导人将达到状态 s，一个其他节点在 t_0 时没有的状态。(由于有 n 个节点和 n 个状态，这种情况最终会发生。)在这一点上，系统必须稳定下来，因为领导人不能推动 $s+1(\bmod n)$，直到每个节点(包括其父节点)都有 s。

在稳定之后，永远只有一个节点改变其状态，即系统保持在合法状态。 ■

备注：

- 虽然人们可能认为该算法的时间复杂度相当糟糕，但它是渐近最优的。
- 设计自稳定算法可以是一件非常有趣的事情。让我们尝试建立一个系统，其中的节点将自己组织成一个极大独立集(MIS，第 7 章)：

备注：

- 注意，算法 11.5 的主要思想来自第 7 章的算法 7.3。
- 只要有些节点是有问题的，任何事情都可能发生：有问题的节点可能决定加入 MIS，但向其邻节点报告说它们没有加入 MIS。同样，消息在传输过程中也可能被破坏。然而，只要系统(节点、消息)是正确的，系统就会收敛到一个 MIS。(论据与第 7 章相同)。
- 自稳定算法总是在无限循环中运行，因为瞬时故障可能在任何时候袭击系统。如果没有无限循环，敌人总是可以在算法终止后破坏解决方案。
- 算法 11.5 的问题是它的时间复杂度可能与节点的数量呈线性关系。这不是很令人兴奋。我们需要更好的东西！既然算法 11.5 只是慢速 MIS 算法 7.3 的自稳定变体，也许我们可以希望“自稳定”第 7 章中的一些快速算法？
- 是的，我们可以！事实上，一般的转化可以将任何本地算法(高效但不容错)变成自稳定算法，并保持相同的效率和效力水平。我们在下面介绍这个一般的转化。

算法 11.5 自稳定 MIS

要求：节点 ID

每个节点 v 执行以下代码

1. **loop**

2. 如果在 MIS 中有 ID 较大的邻居，则离开 MIS
3. 如果没有 ID 较大的邻居加入 MIS，则加入 MIS
4. 发送(节点 ID，是否为 MIS)给所有邻居
5. **end loop**

定理 11.6(转化) 我们得到一个确定性的本地算法 $\mathcal{A}$，该算法在 k 个同步通信回合内计算出一个给定问题的解决方案。使用我们的转化，我们得到一个时间复杂度为 k 的自稳定系统。换句话说，如果敌人在 k 个单位时间内不破坏系统，解决方案就是稳定的。此外，如果敌人没有破坏任何离节点 u 的距离超过 k 的节点或消息，节点 u 将是稳定的。

证明： 在证明中，我们提出了转化。然而，首先，我们需要对确定性的本地算法 $\mathcal{A}$ 进行更正式的说明。在 $\mathcal{A}$ 中，网络的每个节点在 k 个阶段中计算其决策。在第 i 阶段，节点 u 根据其本地变量和先前阶段收到的消息计算其本地变量。然后，节点 u 将其第 i 阶段的信息发送给其邻节点。最后，节点 u 从其邻节点那里接收第 i 阶段的消息。节点 u 在第 i 阶段的本地变量的集合由 L_u^i 表示。(在第一阶段，节点 u 用 L_u^1 初始化其本地变量)在第 i 阶段从节点 u 发送至节点 v 的消息用 $m_{u,v}^i$ 表示。由于算法 $\mathcal{A}$ 是确定性的，节点 u 可以通过简单地应用函数 f_L 和 f_m，从其早期阶段的状态中计算出 i 阶段的本地变量 L_u^i 和消息 $m_{u,*}^i$。具体来说

$$L_u^i = f_L(u, L_u^{i-1}, m_{*,u}^{i-1}) \quad i>1 \tag{11.1}$$

$$m_{u,v}^i = f_m(u, v, L_u^i) \quad i \geqslant 1 \tag{11.2}$$

自稳定算法需要并行模拟本地算法 $\mathcal{A}$ 的所有 k 个阶段。每个节点 u 将其本地变量 L_u^1，…，L_u^k 以及所有收到的消息 $m_{*,u}^1$，…，$m_{*,u}^k$ 存储在 RAM 的两个表中。为了简单起见，每个节点 u 还将所有发送的消息 $m_{u,*}^1$，…，$m_{u,*}^k$ 存储在第三个表中。如果某一阶段的消息或本地变量是未知的，表中的条目将被标记为一个特殊的值⊥(未知)。最初，表中的所有条目都是⊥。

显然，在自稳定模型中，敌人可以选择随时改变表的值，甚至将这些值重置为⊥。我们的自稳定算法需要不断地与这个敌人较量。特别是，每个节点 u 不断地运行这两个程序。

- 对于所有的邻节点。向每个邻节点 v 发送包含算法 $\mathcal{A}$ 的完整消息行

的消息，即向邻节点 v 发送向量($m^1_{u,v}$，…，$m^k_{u,v}$)。同样，如果邻节点 u 从邻节点 v 那里收到这样的向量，那么邻节点 u 用收到的向量($m^1_{v,u}$，…，$m^k_{v,u}$)替换邻节点 v 在传入消息表中的行。

- 由于敌人的存在，节点 u 必须不断地分别使用函数(11.1)和(11.2)重新计算其本地变量(包括初始化)和发送的消息向量。

证明方法是归纳法。假设 $N^i(u)$ 为节点 u 的 i 邻域(即节点 u 距离 i 内的所有节点)。我们假设敌人自时间 t_0 以来没有破坏过 $N^k(u)$ 中的任何节点。在时间 t_0，$N^k(u)$ 中的所有节点将检查并纠正其初始化。按照函数(11.2)，在时间 t_0，$N^k(u)$ 中的所有节点将向所有邻节点发送第一轮($m^1_{*,*}$)的正确消息条目。异步消息在目的地接收时最多需要 1 个单位时间。因此，利用函数(11.1)和(11.2)的归纳法，可以得出在时间 t_0+i，$N^{k-i}(u)$ 中的所有节点都收到了正确的消息 $m^1_{*,*}$，…，$m^i_{*,*}$。因此，在时间 t_0+k 节点 u 已经正确地收到了本地算法 $\mathcal{A}$ 的所有消息，并将计算出与 $\mathcal{A}$ 中相同的结果值。 ■

备注：

- 使用我们的转化(也称为本地检查)，设计自稳定算法刚刚从艺术变成了工艺。
- 正如我们所见，许多本地算法是随机的。这带来了两个额外的问题。首先，人们可能并不确切地知道该算法将花费多长时间。这其实不是一个问题，因为我们可以简单地发送所有需要的消息，直到算法完成。如果节点只是发送所有不是⊥的消息，定理 11.6 的转化也是有效的。其次，我们必须对敌人加以注意。特别是我们需要限制敌人，使一个节点能产生一串可重复的足够长的随机位。这可以通过将足够长的字符串与程序代码一起存储在只读存储器(ROM)中来实现。另外，该算法可能不在其 ROM 中存储随机位串，而只存储随机位发生器的种子。我们需要这样做，以防止敌人重组随机位，直到位变得“差”，并且不能再保证原始本地算法 $\mathcal{A}$ 的预期(或高概率)效力或效率保证。
- 由于大多数本地算法只有几轮通信，而且只交换小的消息，因此转化的内存开销通常是可以承受的。此外，信息通常可以以适当的方式进行压缩，因此对于许多算法来说，消息大小将保持为多项式。

例如，快速 MIS 算法(算法 7.12)的信息包括一系列的随机值(每轮一个)，加上每轮两个布尔值。这些布尔值代表节点是否加入了 MIS，或者节点的邻节点是否加入了 MIS。这些值的顺序告诉人们在哪一轮中做出决定。事实上，这一系列的随机位甚至可以只压缩到随机种子值中，而邻节点可以自己计算每一轮的随机值。

- 有希望的是，我们的转化也能为移动网络提供良好的算法，也就是为拓扑结构可能改变的网络提供良好的算法。事实上，对于确定性的本地近似算法来说，这是成立的：如果敌人在时间 k 内不改变一个节点的 k 邻域的拓扑结构，那么解决方案将再次本地稳定。
- 然而，对于随机的本地近似算法来说，这并不那么简单。例如，假设我们有一个支配集问题的随机的本地算法。敌人可以不断地切换网络的拓扑结构，直到找到一个随机位(这不是真正的随机，因为这些随机位都在 ROM 中)给出一个近似率很差的解决方案。通过定义一个较弱的敌对模型，我们可以解决这个问题。从本质上讲，敌人需要被遗忘，也就是说，它不能看到解决方案。那么，如果解决方案“太好”，敌人就不可能重新启动随机计算。
- 自稳定是最初的方法，自组织可能是总的主题，但新的流行语时常出现，例如自配置、自管理、自调节、自修复、自恢复、自优化、自适应或自保护。一般来说，所有这些都被概括为“自 *”。一个计算巨头创造了“自主计算”一词，以反映自我管理分布式系统的趋势。

11.2　高级稳定化

我们用一个超越自稳定的非微不足道的例子来结束本章，以展示该领域的美丽和潜力。在一个小镇上，每天晚上每个公民都会给他的所有朋友打电话，问他们在下次选举中是投给民主党还是共和党[1]。每个人都根据大多数朋友的意见重新选择他的支持政党[2]。这个过程是否会稳定下来(以某种方式)？

---

[1] 在美国，正如我们从《辛普森一家》中知道的那样，如果你投给别人，你就会“丢掉你的选票”。因此，我们的例子只有两个政党。

[2] 为简单起见，假设每个人的朋友数量都是奇数。

备注：

- 最终大家都投给了同一个政党吗？不是。
- 每个公民最终都会留在同一个政党吗？不会。
- 在同一政党待了一段时间的公民，会永远待在该政党吗？不会。
- 如果他们的朋友也不断地支持同一个政党呢？不会。
- 这头野兽能不能稳定下来？是的！

最终，每个公民要么一生都待在同一个政党，要么每天都在改变自己的观点。

定理 11.7(民主党和共和党) *最终每个公民都会隔天支持同一个政党。*

证明：为了证明意见最终成为固定的或每隔一天的循环，把每段友情看作一对(有向的)边，每个方向上都有一个。如果提供建议的朋友的政党与被建议的朋友的第二天的政党不同，我们就说一条边目前是坏的。换句话说，如果被建议的朋友没有遵循顾问的意见(这意味着顾问是少数)，那么这条边就是坏的。一个不坏的边，就是好的。

考虑公民 u 在第 t 天的出边，在此期间(比如)u 支持民主党。假设在第 t 天，u 的 g 条出边是好的，b 条出边是坏的。请注意，$g+b$ 是 u 的度。由于 g 条出边是好的，u 的 g 个朋友在第 $t+1$ 天支持民主党。同样，u 的 b 个朋友在第 $t+1$ 天支持共和党。换句话说，在第 $t+1$ 天晚上，公民 u 将收到 g 个对民主党的推荐，b 个对共和党的推荐。我们区分两种情况：

- $g>b$：在这种情况下，公民 u 将在第 $t+2$ 天再次支持民主党。请注意，这意味着，在第 $t+1$ 天，u 的 g 个入边是好的，而 b 个入边是坏的。换句话说，第 t 天的坏出边数正好是第 $t+1$ 天的坏入边数。
- $g<b$：在这种情况下，公民 u 在第 $t+2$ 天会支持共和党。请注意，在第 $t+1$ 天，正好有 b 个 u 的入边是好的，而正好有 g 个入边是坏的。换句话说，第 t 天的坏出边数正好是第 $t+1$ 天的好入边数(反之亦然)。这意味着第 t 天的坏出边数严格大于第 $t+1$ 天的坏入边数。

我们可以通过以下观察来总结这两种情况。如果一个公民 u 在第 t 天

和第 $t+2$ 天投票给同一个政党，那么他在第 t 天的坏出边数与第 $t+1$ 天的坏入边数相同。如果公民 u 在第 t 天和第 $t+2$ 天投票给不同的政党，那么他在第 t 天的坏出边数严格大于他在第 $t+1$ 天的坏入边数。

现在我们要考虑坏边的总数。我们用 BO_t 表示第 t 天的坏出边总数，用 BI_t 表示第 t 天的坏入边总数。利用对这两种情况的分析，并对所有公民进行加总，我们知道 $\mathrm{BO}_t \geqslant \mathrm{BI}_{t+1}$。此外，一个公民的每个出边都是另一个公民的入边，因此 $\mathrm{BO}_t = \mathrm{BI}_t$。事实上，如果任何公民从第 t 天到第 $t+2$ 天转换其政党，我们知道坏边的总数严格减少，即 $\mathrm{BO}_{t+1} = \mathrm{BI}_{t+1} < \mathrm{BO}_t$。但 BO 不可能永远减少。一旦 $\mathrm{BO}_{t+1} = \mathrm{BO}_t$，每个公民 u 在第 $t+2$ 天的投票与 u 在第 t 天的投票相同，系统就会稳定下来，即每个公民要么永远坚持他或她的政党，要么每天转换。 ■

备注：

- 这个模型可以被大大地概括。例如，给顶点添加权重（意味着一些公民的意见比其他的更重要），给边添加权重（意味着一些公民之间的影响比其他公民之间更强），允许循环（公民也考虑自己当前的意见），允许打破平局的机制，甚至允许不同的政党变化阈值。
- 直到系统稳定下来需要多长时间？
- 有些人可能会想起 Conway 的生命游戏：我们得到了一个由细胞组成的无限的二维网格，每个细胞都处于两种可能的状态之一，即死或活。每个细胞都与它的八个邻居互动。在每一轮中，会发生以下转变：任何活的细胞如果有少于两个活的邻居就会死亡，就像是由孤独引起的。任何有三个以上活体邻居的活体细胞都会死亡，就像过度拥挤一样。任何有两个或三个活邻居的活细胞都能活到下一代。任何死细胞如果正好有三个活邻居，就会“出生”，并成为一个活细胞。最初的模式构成了系统的“种子”。第一代是通过对种子中的每个细胞同时应用上述规则而产生的，出生和死亡同时发生，发生这种情况的离散时刻有时被称为记号。（换句话说，每一代都是前一代的纯函数。）这些规则被反复应用以创造更多代。John Conway 认为，这些规则足以产生有趣的情况，包括可以造“枪”的“繁殖者”，继而能造“滑翔机”。因此，“生命”在某种意义上回答了约翰·冯·诺依曼（John Von Neumann）提出的一个老问题，即是否可以有一台简单的机器可以制造自己的副本。事实上，“生命”是图灵完整的，也就是说，它和任何计算机一样强大。

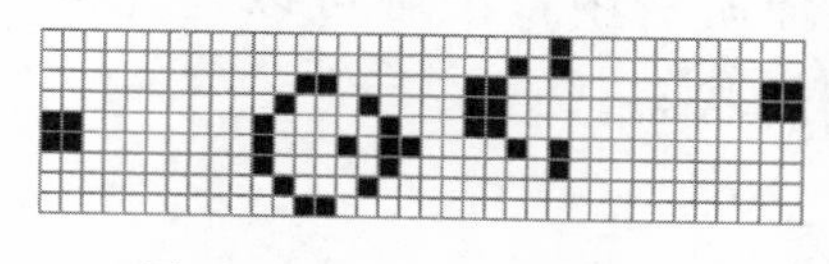

图 11.8　一个“滑翔机枪”

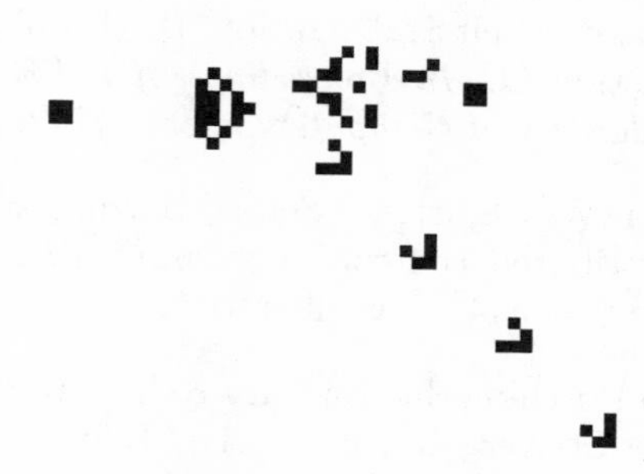

图 11.9　……在行动

11.3　本章注释

自稳定是由 Edsger W. Dijkstra 在 1974 年的一篇论文中首次提出的[Dij74]，其背景是一个令牌环网。论文显示，该环在时间 $\Theta(n)$ 内稳定下来。鉴于他的贡献，Dijkstra 获得了 2002 年 ACM PODC 有影响力的论文奖。在获奖后不久，他就去世了。由于 Dijkstra 是分布式计算领域的杰出人物(如并发、信号灯、互斥、死锁、寻找图中最短路径、容错、自稳定)，该奖被改名为 Edsger W. Dijkstra 分布式计算奖。1991 年，Awerbuch 等人表明，任何算法都可以被修改为自稳定算法，其稳定时间与从头计算解决方案所需时间相同[APSV91]。

共和党与民主党的问题是由 Peter Winkler 在他的专栏“Puzzled”中推广的[Win08]。Goles 等人已经在[GO80]中证明，任何具有对称边权重的此类系统的任何配置，最终都会出现每个公民每隔一天为同一个政党投票的情况。Winkler 还证明，这样一个系统稳定的时间是以 $O(n^2)$为界限的。Frischknecht 等人构建了一个最坏情况的图，它需要 $\Omega(n^2/\log^2 n)$轮来稳定[FKW13]。Keller 等人在[KPW14]中概括了这一结果，表明具有对称边权重的图在 $O(W(G))$中稳定，其中 $W(G)$是图 G 中边权重的总和。

他们还构造了一个具有指数稳定时间的加权图。与这一难题密切相关的是众所周知的生命游戏，它由数学家 John Conway 阐述，并由 Martin Gardner[Gar70]推广。在生命游戏中，细胞可以是死的，或是活的，并根据活的邻居数量来改变它们的状态。

11.4 参考文献

[APSV91] Baruch Awerbuch, Boaz Patt-Shamir, and George Varghese. Self-Stabilization By Local Checking and Correction. In *In Proceedings of IEEE Symposium on Foundations of Computer Science (FOCS)*, 1991.

[Dij74] Edsger W. Dijkstra. Self-stabilizing systems in spite of distributed control. *Communications of the ACM*, 17(11):943–644, November 1974.

[FKW13] Silvio Frischknecht, Barbara Keller, and Roger Wattenhofer. Convergence in (Social) Influence Networks. In *27th International Symposium on Distributed Computing (DISC), Jerusalem, Israel*, October 2013.

[Gar70] M. Gardner. Mathematical Games: The fantastic combinations of John Conway's new solitaire game Life. *Scientific American*, 223:120–123, October 1970.

[GO80] E. Goles and J. Olivos. Periodic behavior of generalized threshold functions. *Discrete Mathematics*, 30:187–189, 1980.

[KPW14] Barbara Keller, David Peleg, and Roger Wattenhofer. How even Tiny Influence can have a Big Impact! In *7th International Conference on Fun with Algorithms (FUN), Lipari Island, Italy*, July 2014.

[Win08] P. Winkler. Puzzled. *Communications of the ACM*, 51(9):103–103, August 2008.

社交网络

分布式计算适用于各种场景。本书示范性地研究了其中的一个背景，即社交网络，一个起源于一个世纪之前的研究领域。为了给你一个初步印象，请看图 12.1。

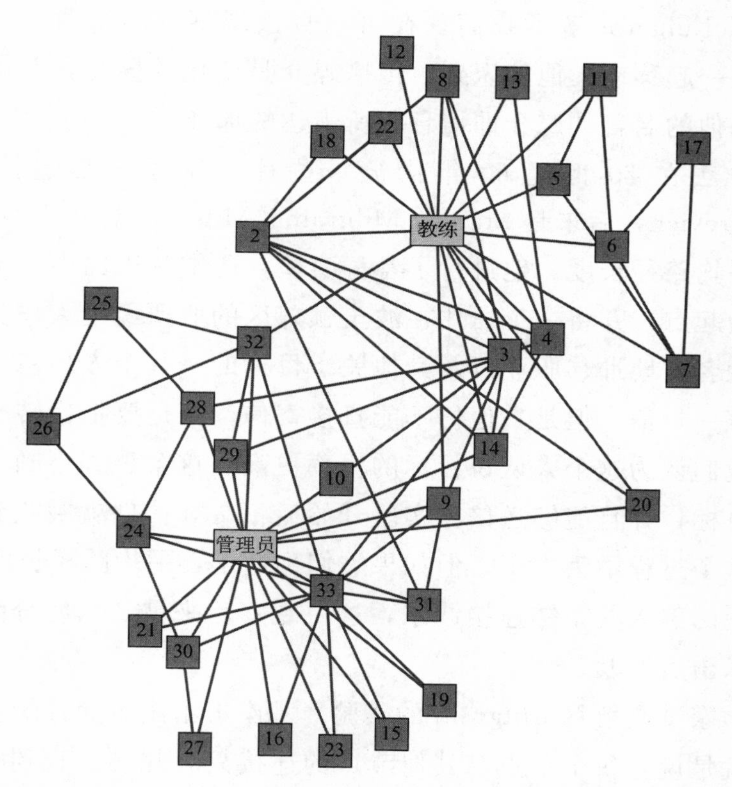

图 12.1　该图显示了人类学家 Wayne Zachary 在 20 世纪 70 年代研究的空手道俱乐部成员之间的社交关系。有两个人(节点)很突出，即俱乐部的教练和管理员，他们都碰巧在俱乐部成员中拥有许多朋友。在某个时候，一场纠纷导致俱乐部一分为二。你能预测俱乐部是如何分化的吗(如果不能，就在网上搜索 Zachary 和空手道)

12.1　小世界网络

早在 1929 年，Frigyes Karinthy 出版了一篇短篇小说，推测世界正在“缩小”，因为人类的联系越来越多。有人声称，他的灵感来自无线电网络先驱 Guglielmo Marconi 1909 年的诺贝尔获奖演讲。尽管有物理距离，但人类“网络”的密度越来越大，使实际社交距离越来越小。因此，人们认为，任何两个人最多可以通过五个(或左右)熟人联系起来，即在6跳之内。

这个话题在20世纪60年代很热门。例如，1964年，Marshall McLuhan 创造了地球村这一比喻。他写道：“电子化契约使得全球不过是一个村庄。”他认为，由于新(电)技术的反应时间几乎是瞬间的，每个人都不可避免地感受到自己的行为的后果，从而自动深入地参与到全球社会中。Marshall McLuhan 理解了我们现在可以直接观察到的东西——现实和虚拟世界正在一起移动。他意识到，传播媒介是变化的核心，而传播的信息不是，正如他的名言“媒介即信息”所表达的那样。

这个想法在20世纪60年代被一些社会学家热烈追捧，首先是 Michael Gurevich，后来是 Stanley Milgram。Milgram 想知道两个“随机”人之间的平均路径长度，他进行了各种实验，通常从美国中西部随机选择的个人作为起点，并将一个居住在波士顿郊区的股票经纪人作为目标。起点被告知姓名、地址、职业以及其他关于目标的一些个人信息。他们被要求给目标寄一封信。但是，他们不能直接寄信，而是要把信转交给他们认识的人，他们认为这个人认识目标的概率更高。这个过程不断重复，直到有人认识目标，并且能够送信。实验开始后不久，信件就被收到了。大多数信件在这个过程中丢失了，但如果它们到达了，平均路径长度约为5.5，这些人由短的熟人关系链连接起来，这一观察后来被“六度分隔”和“小世界”等术语所普及。

统计学家试图解释 Milgram 的实验，基本上给出了允许短直径的网络模型，也就是说，每个节点与其他节点的连接只有几跳。直到今天，在统计物理学中有一个蓬勃发展的研究团体，试图理解允许“小世界”效应的网络特性。

世界往往对半径较小的图着迷。例如，电影迷研究谁和谁在同一部电影中出演的图。对于这个图来说，人们一直认为演员 Kevin Bacon 的半径特别小。离 Bacon 的跳数甚至有一个名字，即 Bacon 数。然而，与此同时，已经证明在好莱坞宇宙中还有“更好的”中心，如 Sean Connery、Christopher Lee、Rod Steiger、Gene Hackman 或 Michael Caine。其他社交网络的中心也被探讨过，例如 Paul Erdös 在数学界就很有名。

这一领域的关键词之一是幂律图，即节点的度按照幂律分布的网络，例如，对于一些 $\alpha>1$ 的节点，度为 δ 的节点数量与 $\delta^{-\alpha}$ 成正比。这样的幂律图已经在许多应用领域被见证，除了社交网络，还有网络、生物或物理学。

很明显，两个幂律图的外观和行为可能完全不同，即使 α 和边的数量完全相同。

为此，一个著名的模型是 Watts-Strogatz 模型。Watts 和 Strogatz 认为，社交网络应该由两个网络的组合来建模：我们以一个聚类系数大的网络为基础。

定义 12.2 网络的聚类系数是由一个节点的两个朋友也可能是朋友的概率定义的，在所有节点中取均值。

然后我们用随机链接来修改这样一个图，例如，每个节点指向固定数量的其他节点，这些节点是均匀随机选择的。这种增强代表了将节点与网络中本来很远的部分连接起来的熟人关系。

备注：

- 如果没有更多信息，知道聚类系数的值是不确定的：假设我们把节点排列成一个网格。从技术上讲，如果我们把每个节点与它的四个最近的邻居连接起来，该图的聚类系数为 0，因为没有三角形；而如果我们把每个节点与它的八个最近的邻居连接起来，聚类系数为 3/7。尽管这两个网络有相似的特征，但聚类系数却大不相同。

这很有趣，但还不足以让人们真正理解发生了什么。为了使 Milgram 的实验奏效，仅仅以某种方式连接节点是不够的。此外，节点本身需要知道如何将消息转发给它们的一个邻居，尽管它们无法知道这个邻居是否真的离目标更近。换句话说，节点不仅仅是遵循物理规律，还能够自己做决定。

让我们考虑一个具有网格拓扑结构的节点的人工网络，加上每个节点的一些额外的随机链接。在一项定量研究中表明，随机链接需要一个特定的距离分布，以实现高效的贪心路由。这种分布标志着任何可航行网络的最佳位置。

定义 12.3(增强网格) 我们取 $n=m^2$ 个节点，$(i, j)\in V=\{1, \cdots, m\}^2$

与 $m\times m$ 网格上的格点相对应。我们定义节点 (i, j) 和 (k, ℓ) 的距离为 $d((i, j), (k, \ell))=|k-i|+|\ell-j|$，是在 $m\times m$ 格点上它们之间的距离。网络使用参数 $\alpha\geqslant 0$ 进行模拟。每个节点 u 都有一条有向边与每个格点邻居相连。这些是节点的本地连接点。此外，每个节点也有一个额外的随机链接（长距离连接）。对于所有的 u 和 v，u 的长距离连接指向节点 v 的概率与 $d(u, v)^{-\alpha}$ 成正比，即概率为 $d(u, v)^{-\alpha}\Big/\sum_{w\in V\setminus\{U\}} d(u, w)^{-\alpha}$。

图 12.4 说明了这个模型。

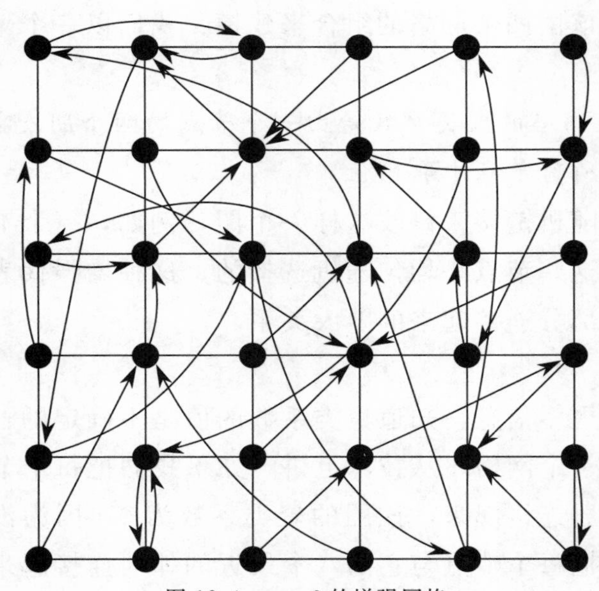

图 12.4　$m=6$ 的增强网格

备注：

- 该网格模型有以下地理解释：节点（个人）生活在一个网格上，并知道他们在网格上的邻居。此外，每个节点在整个网络中都有一些额外的熟人。
- 参数 α 控制了其他邻居在网格中的分布方式。如果 $\alpha=0$，长距离连接是均匀地随机选择的（如 Watts-Strogatz 模型）。随着 α 的增加，长距离连接平均变得更短。在极端情况下，如果 $\alpha\to\infty$，所有的长距离连接都是与网格上的近邻接触。
- 可以证明，只要 $\alpha\leqslant 2$，所得到的图的直径就有很高概率是 n 的多项式（$\log n$ 的多项式）。特别是，如果长距离连接是均匀地随机选择的($\alpha=0$)，则直径是 $O(\log n)$。

由于增强网格包含随机链接，我们对随机链接的分布情况并不清楚。从理论上讲，所有的链接都可以指向同一个节点！但是，几乎可以肯定的是，情况并非如此。从形式上看，我们已经在定义 7.16 中看到了高概率这个术语。

定义 12.5(高概率) 如果某个概率事件发生的概率 $p \geq 1-1/n^c$，其中 c 是一个常数，则称为高概率发生。常数 c 可以任意选择，但就大 O 符号而言，它被视为常数。

备注：

- 例如，在概率至少为 $1-1/n^c$，$c\log n$ 或者 $e^{c!}\log n+5000c$ 的运行时间界限将高概率是 $O(\log n)$，但 n^c 的运行时间将高概率不是 $O(n)$，因为 c 也可能是 50。
- 这个定义非常强大，因为在语句高概率成立的同时，任何多项式(以 n 为单位)数量的这些语句也高概率成立，而不考虑随机变量之间的任何依赖关系！

定理 12.6 $\alpha=0$ 的增强网格的直径大概率是 $O(\log n)$。

证明概要：为简单起见，我们将只证明我们可以从某个源节点 s 开始到达目标节点 t。然而，可以证明(基本上)每个中间要求都是高概率成立的，然后通过联合约束可以得出所有要求对所有节点都是高概率成立的(见练习)。

假设 N_s 是源 s 在网格上的$\lceil \log n \rceil$跳邻域，包含 $\Omega(\log^2 n)$个节点。N_s 中的每个节点都有一个随机链接，可能通往图中距离远的部分。只要我们到达了 $o(n)$个节点，任何新的随机链接都会以 $1-o(1)$的概率通向一个节点，而这个节点的网格邻居还没有被访问过。因此，在预期中，我们几乎可以找$|N_s|$个新节点，其邻居是“新鲜”的。利用它们的网格链接，我们将在多一跳内到达$(4-o(1))|N_s|$多个节点。如果运气不好，还是有可能发生许多这些链接通向几个节点，这些节点已经访问过，或者是彼此非常接近的节点。但这是非常不可能的，因为我们有很多随机的选择！事实上，可以证明，不仅在期望值上，而且许多节点以$(5-o(1))|N_s|$的高概率通过这种方式到达(见练习)。

因为所有的新节点都有(到目前为止未使用的)随机链接，我们可以归纳地重复这一推理，这意味着每两跳的节点数量会增长(至少)一个常数。因此，在$O(\log n)$跳之后，我们将到达$n/\log n$个节点(这与n相比仍然很小)。最后，考虑链接的预期数量，这些链接是在网格上从这些节点进入某个目标节点t的$(\log n)$邻域。由于这个邻域由$\Omega(\log^2 n)$个节点组成，在期望值中，$\Omega(\log n)$个链接足够接近目标t，这几乎足以保证这种情况的发生(见练习)，即从s到t我们仍然只用了$O(\log n)$跳。 ■

这表明，对于$\alpha=0$(事实上对于所有$\alpha\leqslant 2$)，所产生的网络有一个小直径。然而，回顾一下，我们还希望该网络是可导航的。为此，我们考虑一个简单的贪心路由策略(算法12.7)。

算法 12.7　贪心路由

```
1. while 没在目的地 do
2.     去到离目标最近的邻居(只考虑网格距离)
3. end while
```

引理 12.8　在增强网格中，算法12.7找到了一条长度最多为$2(m-1)\in O(\sqrt{n})$的路由路径。

证明：由于网格的存在，总有一个邻居离目的地更近。由于每一跳我们至少在两个网格维度中的一个减少了与目标的距离，我们将在$2(m-1)$跳内到达目的地。 ■

这其实并不是Milgram的实验所承诺的。我们想知道额外的随机链接在多大程度上加快了这个过程。为此，我们首先需要了解节点u的随机链接指向节点v的概率有多大，就其网格距离$d(u,v)$、节点数n和常数参数α而言。

引理 12.9　节点u随机指向节点v的概率为：

- $\Theta(1/(d(u,v)^{\alpha}m^{2-\alpha}))$，当$\alpha<2$。
- $\Theta(1/(d(u,v)^{2}\log n))$，当$\alpha=2$。
- $\Theta(1/d(u,v)^{\alpha})$，当$\alpha>2$。

此外，如果$\alpha>2$，看到长度至少为d的链接的概率为$\Theta(1/d^{\alpha-2})$。

证明：对于一个常数$\alpha\neq 2$，我们有

$$\sum_{w\in V\setminus\{u\}}\frac{1}{d(u,w)^{\alpha}}\in\sum_{r=1}^{m}\frac{\Theta(r)}{r^{\alpha}}=\Theta\left(\int_{r=1}^{m}\frac{1}{r^{\alpha-1}}\mathrm{d}r\right)=\Theta\left(\left[\frac{r^{2-\alpha}}{2-\alpha}\right]_{1}^{m}\right)$$

如果 $\alpha<2$，这给出了 $\Theta(m^{2-\alpha})$，如果 $\alpha>2$，它是 $\Theta(1)$。如果 $\alpha=2$，我们得到

$$\sum_{w\in V\setminus\{u\}}\frac{1}{d(u,w)^{\alpha}}\in\sum_{r=1}^{m}\frac{\Theta(r)}{r^{2}}=\Theta(1)\cdot\sum_{r=1}^{m}\frac{1}{r}$$
$$=\Theta(\log m)=\Theta(\log n)$$

与 $d(u,v)^{\alpha}$ 相乘得到前三个界限。对于最后一个陈述，计算

$$\sum_{\substack{v\in V\\ d(u,v)\geqslant d}}\Theta(1/d(u,v)^{\alpha})=\Theta\left(\int_{r=d}^{m}\frac{r}{r^{\alpha}}\mathrm{d}r\right)$$
$$=\Theta\left(\left[\frac{r^{2-\alpha}}{2-\alpha}\right]_{d}^{m}\right)=\Theta(1/d^{\alpha-2})\qquad\blacksquare$$

备注：

- 如果 $\alpha>2$，根据该引理，看到长度至少为 $d=m^{1/(\alpha-1)}$ 的随机链接的概率为 $\Theta(1/d^{\alpha-2})=\Theta(1/m^{(\alpha-2)/(\alpha-1)})$，在预期中，我们必须进行 $\Theta(m^{(\alpha-2)/(\alpha-1)})$ 跳，直到我们看到一个长度至少为 d 的随机链接。当只是跟随长度小于 d 的链接时，需要超过 $m/d=m/m^{1/(\alpha-1)}=m^{(\alpha-2)/(\alpha-1)}$ 跳。换句话说，在预期中，无论哪种方式，我们至少需要 $m^{(\alpha-2)/(\alpha-1)}=m^{\Omega(1)}$ 跳才能到达目的地。
- 如果 $\alpha<2$，有一个(稍微复杂的)论证。首先，我们在距离目标点距离为 $m^{(2-\alpha)/3}$ 周围画一个边界。在这个边界内，目标区域内有大约 $m^{2(2-\alpha)/3}$ 个节点。假设源头在目标区域之外。根据该引理，从源头开始，找到一个直接通往目标区域内的随机链接的概率最多为 $m^{2(2-\alpha)/3}\cdot\Theta(1/m^{2-\alpha})=\Theta(1/m^{(2-\alpha)/3})$。换句话说，在我们找到一个通往目标区域的随机链接之前，在预期中，我们必须做 $\Theta(m^{(2-\alpha)/3})$跳。这太慢了，我们的贪心策略可能更快，因为由于 $\alpha<2$，所以有很多长距离链接。然而，这意味着我们可能会在一个常规的网格链接上进入目标区域。一旦进入目标区域，通过随机长距离链接缩短行程的概率又是 $\Theta(1/m^{(2-\alpha)/3})$，所以我们可能只是遵循网格链接，它们中的很多需要 $m^{(2-\alpha)/3}=m^{\Omega(1)}$ 跳。
- 总之，如果 $\alpha\neq2$，我们的贪心路由算法需要 $m^{\Omega(1)}=n^{\Omega(1)}$ 个预期跳数来到达目的地。这是对节点数 n 的多项式计算，社交网络很难被

称为一个“小世界”。

- 如果我们设定 $\alpha=2$，也许我们可以得到一个关于 n 的多项式约束？

定义 12.10(阶段)　考虑从节点 s 到目标 t 的路由，假设我们在某个中间节点 w。如果到目标节点 t 的点阵间距为 $d(w, t)$，在 $2^j < d(w, t) \leqslant 2^{j+1}$ 之间，我们说我们在节点 w 处处于 j 阶段。

备注：

- 按递减顺序列举各阶段是有用的，因为符号变得不那么麻烦。
- 有 $\lceil \log m \rceil \in O(\log n)$ 阶段。

引理 12.11　假设从节点 s 路由到节点 t 时，在节点 w 处处于 j 阶段。一步到位(至少)到 $j-1$ 阶段的概率至少是 $\Omega(1/\log n)$。

证明： 设 B_j 是节点 x 的集合 $d(x, t) \leqslant 2^j$。如果节点 w 的长距离连接指向 B_j 中的某个节点，则我们从 j 阶段(至少)转到 $j-1$ 阶段。请注意，我们总是在遵循贪心路由路径时取得进展。因此，我们以前没有见过节点 w，而 w 的长距离连接指向一个随机节点，该节点独立于从 s 到 w 的路径上的任何节点。

对于所有节点 $x \in B_j$，有 $d(w, x) \leqslant d(w, t) + d(x, t) \leqslant 2^{j+1} + 2^j < 2^{j+2}$。因此，对于每个节点 $x \in B_j$，w 的长距离连接指向 x 的概率是 $\Omega(1/2^{2j+4}\log n)$。此外，B_j 中的节点数至少是 $(2^j)^2/2 = 2^{2j-1}$。因此，B_j 中的某个节点是 w 的长距离连接的概率至少是

$$\Omega\left(|B_j| \cdot \frac{1}{2^{2j+4}\log n}\right) = \Omega\left(\frac{2^{2j-1}}{2^{2j+4}\log n}\right) = \Omega\left(\frac{1}{\log n}\right) \qquad \blacksquare$$

定理 12.12　考虑在参数为 $\alpha=2$ 的增强网格上从一个节点 s 到一个节点 t 的贪心路由路径。该路径的预期长度为 $O(\log^2 n)$。

证明： 我们已经观察到，阶段的总数是 $O(\log n)$(当我们从阶段 j 到阶段 $j-1$ 时，到达目标的距离减半)。在路由过程中的每个点，进入下一阶段的概率至少是 $\Omega(1/\log n)$。假设 X_j 是第 j 阶段的步骤数。因为每一步结束阶段的概率是 $\Omega(1/\log n)$，在预期中，我们需要 $O(\log n)$ 步来进入下一阶段，即 $\mathbb{E}[X_j] \in O(\log n)$。假设 $X = \sum_j X_j$ 是路由过程中的总步骤数。根据期望的线性关系，我们有

$$\mathbb{E}[X]=\sum_{j}\mathbb{E}[X_j]\in O(\log^2 n)$$ ■

备注：

- 我们可以证明，$O(\log^2 n)$的结果在高概率下也成立。
- 在现实世界的社交网络中，参数 α 是通过实验来评估的。假设你与地理上最接近的节点相连，然后有一些随机的长距离连接。对于比 Facebook 早出现的社交产品 LiveJournal 来说，事实证明 α 并不是 2，而是 1.25。

12.2 传播研究

在网络中，节点可能会影响彼此的行为和决定。有许多应用，节点会影响它们的邻居，例如，可能会影响它们的意见，或者它们可能偏向于购买什么产品，或者它们可能会传递一种疾病。

在一个海滩上(以线段表示)，最好将一个冰激凌摊位放在线段的正中间，因为你将能够最容易地“控制”海滩。那么第二个摊位呢，它应该安置在哪里？答案一般取决于模型，但假设人们会从较近的摊位上购买冰激凌，它应该紧挨着第一个摊位。

谣言可以通过社交网络以惊人的速度传播。传统上这是通过口口相传发生的，但随着互联网的出现，谣言有了新的传播方式。人们写电子邮件、使用即时通信工具或在博客中发表他们的想法。许多因素影响着谣言的传播。尤其重要的是，谣言是在网络中的什么地方发起的，以及它的说服力如何。此外，基本的网络结构决定了信息传播的速度和传播的人数。更广泛地说，我们可以说是网络中的信息扩散。分析这些扩散过程对病毒式营销很有帮助，例如，针对少数有影响力的人发起营销活动。一家公司可能希望通过流行的社交网络(如 Facebook)中最有影响力的人宣传一个新产品。第二家公司可能想推出一款竞争产品，因此要选择在哪里传播信息的种子。谣言的传播与冰激凌摊位问题很相似。

更正式地说，我们可以研究图中的传播问题。给定一个图和两个玩家。让第一个玩家选择一个种子节点 u_1，之后让第二个玩家选择一个种子节点 u_2，其中 $u_2\neq u_1$。游戏的目标是使离自己的种子节点更近的节点数量最大化。

在许多图中，首先选择是一个优势。例如，在星形图中，第一个玩家可以选择星形的中心节点，控制除了第一个节点以外的所有节点。在其他一些图中，第二位玩家至少可以得分。但是，有没有一种图是第二位玩家有优势的呢？

定理 12.13 在两个玩家的谣言游戏中，两个玩家都选择一个节点来启动他们在图中的谣言，第一个玩家并不总是赢。

证明： 如图 12.14 所示，在这个例子中，无论第一个玩家的决定如何，第二个玩家总是会赢。如果第一个玩家选择了中间的节点 x_0，第二个玩家可以选择 x_1。选择 x_1 将被 x_2 智取，而 x_2 本身可以被 z_1 回答。所有其他策略要么是对称的，要么对第一个玩家来说更没有希望。 ■

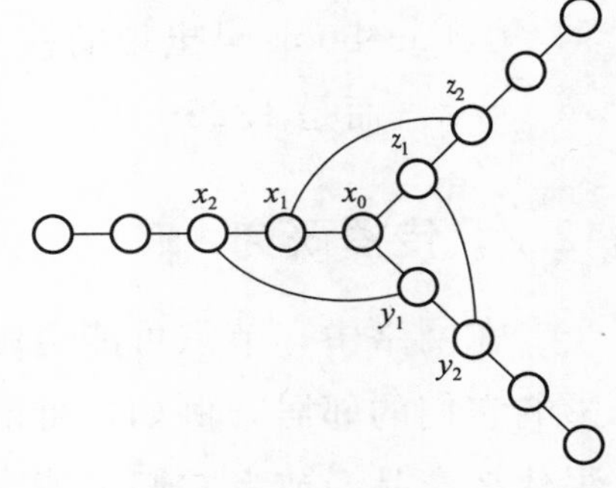

图 12.14 反例

12.3 本章注释

社交网络的一个简单形式是著名的稳定婚姻问题[DS62]，其中必须找到一个稳定匹配的双子图。基于这个初始问题，存在着大量的变体，例如：[KC82，KMV94，E006，FKPS 10，Hoel1]。像 Facebook、Twitter 等社交网络在过去几年中发展得非常快，因此刺激了人们对它们的研究兴趣。人们从理论上[KKT03]和实践中[CHBG10]研究了用户如何影响其他用户。这些网络的结构可以被测量和研究[MMG+07]。在社交网络中，超过一半的用户分享的信息比他们预期的要多[LGKM11]。

我们在本章中提出的小世界现象是由 Kleinberg [Kle00]分析的。总体概述见[DJ10]。

12.4 参考文献

[CHBG10] Meeyoung Cha, Hamed Haddadi, Fabrício Benevenuto, and P. Krishna Gummadi. Measuring User Influence in Twitter: The Million Follower Fallacy. In *ICWSM*, 2010.

[DJ10] Easley David and Kleinberg Jon. *Networks, Crowds, and Markets: Reasoning About a Highly Connected World.* Cambridge University Press, New York, NY, USA, 2010.

[DS62] D. Gale and L.S. Shapley. College Admission and the Stability of Marriage. *American Mathematical Monthly*, 69(1):9–15, 1962.

[EO06] Federico Echenique and Jorge Oviedo. A theory of stability in many-to-many matching markets. *Theoretical Economics*, 1(2):233–273, 2006.

[FKPS10] Patrik Floréen, Petteri Kaski, Valentin Polishchuk, and Jukka Suomela. Almost Stable Matchings by Truncating the Gale-Shapley Algorithm. *Algorithmica*, 58(1):102–118, 2010.

[Hoe11] Martin Hoefer. Local Matching Dynamics in Social Networks. *Automata Languages and Programming*, pages 113–124, 2011.

[Kar29] Frigyes Karinthy. Chain-Links, 1929.

[KC82] Alexander S. Kelso and Vincent P. Crawford. Job Matching, Coalition Formation, and Gross Substitutes. *Econometrica*, 50(6):1483–1504, 1982.

[KKT03] David Kempe, Jon M. Kleinberg, and Éva Tardos. Maximizing the spread of influence through a social network. In *KDD*, 2003.

[Kle00] Jon M. Kleinberg. The small-world phenomenon: an algorithm perspective. In *STOC*, 2000.

[KMV94] Samir Khuller, Stephen G. Mitchell, and Vijay V. Vazirani. On-line algorithms for weighted bipartite matching and stable marriages. *Theoretical Computer Science*, 127:255–267, May 1994.

[LGKM11] Yabing Liu, Krishna P. Gummadi, Balanchander Krishnamurthy, and Alan Mislove. Analyzing Facebook privacy settings: User expectations vs. reality. In *Proceedings of the 11th ACM/USENIX Internet Measurement Conference (IMC'11)*, Berlin, Germany, November 2011.

[McL64] Marshall McLuhan. *Understanding media: The extensions of man.* McGraw-Hill, New York, 1964.

[Mil67] Stanley Milgram. The Small World Problem. *Psychology Today*, 2:60–67, 1967.

[MMG+07] Alan Mislove, Massimiliano Marcon, P. Krishna Gummadi, Peter Druschel, and Bobby Bhattacharjee. Measurement and analysis of online social networks. In *Internet Measurement Comference*, 2007.

[WS98] Duncan J. Watts and Steven H. Strogatz. Collective dynamics of “small-world” networks. *Nature*, 393(6684):440–442, Jun 1998.

[Zac77] W W Zachary. An information flow model for conflict and fission in small groups. *Journal of Anthropological Research*, 33(4):452–473, 1977.

无线协议

无线通信是过去几十年成功的主要案例之一。如今，不同的无线标准，如无线局域网(WLAN)，已经无处不在了。在某种意义上，从分布式计算的角度来看，无线网络是相当简单的，因为它不能形成任意的网络拓扑结构。简化的无线网络模型包括几何图模型，如单位圆盘图。现代的模型则更为稳健。网络图是受限制的，例如，一个节点的不相邻的邻居总数可能很小。这一观察结果很难用纯粹的几何模型来捕捉，因而开发出了更先进的网络连接模型，如有界增长或有界独立。

然而，另一方面，无线通信也比标准的消息传递更困难，因为节点不能在同一时间向每个邻居传输不同的消息。而且，如果两个邻居同时传输，它们会相互干扰，节点可能无法破译任何东西。

在本章中，我们讨论无线通信的分布式计算原理。我们做了一个简化的假设，即所有 n 个节点都在彼此的通信范围内，也就是说，网络图是一个团。节点共享一个同步的时间，在每个时隙中，节点可以决定发送或接收(或睡眠)。然而，两个或更多的节点在同一个时隙中发射会造成干扰。发射节点永远不知道是否有干扰，因为它们不能同时发射和接收。

13.1 基础知识

无线网络的基本通信协议是介质访问控制(MAC)协议。不幸的是，很难说一个 MAC 协议比另一个更好，因为这一切都取决于参数，如网络拓扑结构、信道特性或流量模式。当涉及无线协议的原则时，我们通常想实现更简单的目标。一个基本而重要的问题如下：在没有干扰的情况下，一个节点需要多长时间才能成功传输？这个问题通常被称为无线领导人选举问题，单独传输的节点是领导人。

显然，我们可以使用节点 ID 来解决领导人的选举问题，例如，一个 ID 为 i 的节点在时隙 i 中进行传输。然而，这可能会非常缓慢，有更好的确定性解决方案，但总的来说，最好且最简单的算法是随机的。

算法 13.1　分段式 Aloha

1. 每个节点 v 执行以下代码
2. **repeat**
3. 　以 $1/n$ 的概率传输
4. **until** 节点被独立传输完毕

在本章中，我们用随机变量 X 来表示在给定时隙中传输的节点数量。

定理 13.2　算法 13.1 允许节点在预期的时间 e 后独立传输(成为领导人)。

证明：成功的概率，即只有一个节点传输的概率为

$$\Pr[X=1]=n\cdot\frac{1}{n}\cdot\left(1-\frac{1}{n}\right)^{n-1}\approx\frac{1}{e}$$

其中对于足够大的 n 而言，最后一个近似值是定理 13.29 的结果。因此，如果我们重复这个过程 e 次，可以期待一次成功。■

备注：

- 该名称的来源是夏威夷大学开发的 ALOHA 网络。
- 领导人如何知道自己是领导人？一个简单的解决方案是分布式确认。节点只需继续执行算法 13.1，在其传输中包括领导人的 ID。这样，领导人就知道自己是领导人了。
- 还有一个问题？事实上，设法传送确认的节点 v(单独)是唯一剩下的不知道它是领导人的节点。我们可以通过让领导人承认 v 的"成功确认"来解决这个问题。
- 我们也可以想象一个无时隙的时间模型。在这个模型中，两个部分重叠的消息将被干扰，没有消息被接收。正如本章所述，算法 13.1 也适用于无时隙的时间模型，但有一个系数 2 的惩罚因子，即成功传输的概率将从 $\frac{1}{e}$ 下降到 $\frac{1}{2e}$。基本上，每个时隙被分为 t 个小时隙，且 $t\to\infty$，节点开始一个新的 t 个时隙的传输，概率为 $\frac{1}{2nt}$。

13.2　非统一的初始化

有时我们希望 n 个节点的 ID 是$\{1, 2, \cdots, n\}$。这个过程被称为初始

化。例如，初始化可以用来让节点在没有任何干扰的情况下逐一进行传输。

定理 13.3 如果节点知道 n，我们可以在 $O(n)$ 个时隙内初始化它们。

证明： 我们使用算法 13.1 等方法反复选举领导人。领导人得到下一个自由数字，然后离开这个过程。我们知道，这样做的概率是 $1/e$。因此，完成的预期时间是 $e \cdot n$。 ■

备注：

- 这种算法要求节点知道 n，以便给它们提供从 1 到 n 的 ID。对于更现实的情况，我们需要一个统一的算法，也就是说，节点不知道 n。

13.3 使用碰撞检测的统一初始化

定义 13.4(碰撞检测，CD) 两个或多个节点同时传输被称为干扰。在一个有碰撞检测的系统中，接收器可以区分干扰和无人发射。在一个没有碰撞检测的系统中，接收器无法区分这两种情况。

该算法的主要思想是将节点迭代地划分为多个集合。每个集合由一个标签(一个位串)来识别，通过存储一个这样的位串，每个节点知道它目前在哪个集合中。最初，所有的节点都在一个集合中，由空的位串标识。然后，这个集合被划分成两个非空的集合，由 0 和 1 标识。以同样的方式，只要一个集合包含一个以上的节点，就会被迭代划分成两个非空的集合。如果一个集合只包含一个节点，这个节点就会得到下一个空闲的 ID，一旦每个节点在其集合中都是单独的，该算法就终止了。请注意，这个划分过程迭代地创建了一棵二叉树，这棵树的每个叶子上正好有一个节点在集合中，因此有 n 个叶子。

算法 13.5 初始化碰撞检测

1. 每个节点 v 执行以下代码
2. *nextId* :=0
3. *myBitstring* :=‘’ ◁ 初始化为空字符串
4. *bitstringsToSplit* :=[‘’] ◁ 划分一个队列的集合
5. **while** *bitstringsToSplit* 非空 **do**

```
6.     b := bitstringsToSplit.pop()

7.     repeat
8.       if b = myBitstring then
9.         均匀随机地从{0, 1}内选取 r
10.        在下两个时隙
11.        在时隙 r 传输，且监听其他时隙
12.      else
13.        这不是我的位串，只是在两个时隙中都监听
14.      end if
15.    until 在两个时隙中至少有一个传输
16.    if b = myBitstring then
17.      myBitstring := myBitstring + r          ◁ 添加位 r
18.    end if

19.    for r ∈ {0, 1} do
20.      if 某节点 u 单独地在时隙 r 中传输 then
21.        节点 u 变为 ID nextId 且变得不活跃
22.        nextId := nextId + 1
23.      else
24.        bitstringsToSplit.push(b + r)
25.      end if
26.    end for
27. end while
```

备注：

- 在第 20 行中，发送节点需要知道它是否是唯一的发送节点。这可以通过几种方式实现，如增加一个确认轮。为了通知一个节点 v，它在 r 轮中单独传输，每个在 r 轮中沉默的节点在 $r+1$ 轮中发送一个确认，而 v 是沉默的。如果 v 在 $r+1$ 中听到消息或受到干扰，它就知道它在 r 轮中单独传输。

定理 13.6 算法 13.5 在预期时间 $O(n)$ 内正确地初始化了 n 个节点。

证明： 一次成功的划分被定义为两个子集都是非空的划分。我们知道正好有 $n-1$ 个成功的划分，因为我们有一棵有 n 个叶子和 $n-1$ 个内节点的二叉树。现在让我们计算一下从一个大小为 $k \geqslant 2$ 的集合中创建两个非空集合的概率：

$$\Pr[1 \leqslant X \leqslant k-1] = 1 - \Pr[X=0] - \Pr[X=k] = 1 - \frac{1}{2^k} - \frac{1}{2^k} \geqslant \frac{1}{2}$$

因此，预期需要 $O(n)$ 次划分。 ■

备注：

- 如果没有碰撞检测呢？

13.4 无碰撞检测的统一初始化

假设我们有一个特殊的节点 ℓ（领导人），S 表示想要传输的节点的集合。现在我们将算法 13.5 中的每个时隙分成两个时隙，并使用领导人来帮助我们区分沉默和噪声。在第一个时隙，集合 S 中的每个节点都在传输，在第二个时隙，$S \cup \{\ell\}$ 中的节点在传输。这给了节点足够的信息来区分不同的情况（见表 13.7）。

表 13.7 用 leader 区分噪声和沉默：× 代表噪声/沉默，√ 代表成功的传输

	S 中的节点传输	$S \cup \{\ell\}$ 中的节点传输
$\|S\|=0$	×	√
$\|S\|=1$，$S=\{\ell\}$	√	√
$\|S\|=1$，$S \neq \{\ell\}$	√	×
$\|S\| \geqslant 2$	×	×

备注：

- 算法 13.5 在没有 CD 的情况下也能工作，只是有 2 倍的开销。
- 更为普遍的是，领导人会立即为任何协议带来 CD。
- 该协议在现实生活中有着重要的应用，例如，当用带有 RFID 标签的物品结账时。
- 如何确定这样的领导人？需要多长时间才能确定我们有这样一个人？让我们重复一下具有高概率的概念。

13.5 领导人选举

定义 13.8(具有高概率) 也见定义7.16，如果某个概率事件发生的概率 $p \geqslant 1-1/n^c$，其中 c 是一个常数，则称为高概率发生。常数 c 可以任意选择，但就大 O 符号而言，它被视为常数。

定理 13.9 算法13.1以高概率在 $O(\log n)$ 时隙内选出一个领导人。

证明： 在 $c\log n$ 时隙之后没有选出领导人的概率，即在 $c\log n$ 时隙内，没有成功传输的概率为

$$\left(1-\frac{1}{\mathrm{e}}\right)^{c\ln n}=\left(1-\frac{1}{\mathrm{e}}\right)^{\mathrm{e}\cdot c'\ln n}\leqslant\frac{1}{\mathrm{e}^{\ln n\cdot c'}}=\frac{1}{n^{c'}}$$ ■

备注：

- 那么统一算法呢，即节点数 n 是未知的？

算法 13.10　统一的领导人选举

```
1. 每个节点 v 执行以下代码
2. for k=1, 2, 3, … do
3.   for i=1 到 ck do
4.     以 p :=1/2^k 的概率传输
5.     if 节点 v 是唯一被传输的节点 then
6.       v 变成了领导人
7.       break
8.     end if
9.   end for
10. end for
```

定理 13.11 通过使用算法13.10，如果 n 不知道，就有可能以高概率在 $O(\log^2 n)$ 个时隙内选出一个领导人。

证明： 让我们简要地描述一下算法。在 $k=1, 2, \cdots$ 的 ck 时隙内，节点以 $p=2^{-k}$ 的概率进行传输，一开始 p 会太高，因此会有很多干扰。但在 $\log n$ 阶段之后，得到 $k\approx\log n$，因此节点以约为 $1/n$ 的概率传输。为简单起见，我们假设 n 是2的幂。使用上面概述的方法，我们知道在迭代 $\log n$ 次后，有 $p=1/n$。根据定理13.9，我们可以高概率地在 $O(\log n)$ 个

时隙内选出一个领导人。由于我们必须进行 $\log n$ 次估计，直到 $2^k \approx n$，因此总运行时间为 $O(\log^2 n)$。 ■

备注：

- 请注意，我们提出的算法没有使用碰撞检测。在有碰撞检测的统一环境下，我们能更快地解决领导人选举问题吗？

13.6 使用碰撞检测的快速领导人选举

算法 13.12 用 CD 进行统一的领导人选举

1. 每个节点 v 执行以下代码
2. **repeat**
3. 　以 $\frac{1}{2}$ 的概率传输
4. 　**if** 至少一个节点被传输 **then**
5. 　　所有没有传输的节点退出协议
6. 　**end if**
7. **until** 一个节点被单独传输

定理 13.13 有了碰撞检测，我们可以用算法 13.12 以高概率在 $O(\log n)$ 个时隙内选出一个领导人。

证明： 活动节点的数量 k 是单调递减的，并且总是大于 1，这就产生了正确性。如果最多一半的活动节点进行传输，则一个时隙被称为成功。我们可以假设 $k \geqslant 2$，否则我们就已经选出了一个领导人。我们可以计算出一个时隙的成功概率为

$$\Pr\left[1 \leqslant X \leqslant \left\lceil \frac{k}{2} \right\rceil\right] = \Pr\left[X \leqslant \left\lceil \frac{k}{2} \right\rceil\right] - \Pr[X=0] \geqslant \frac{1}{2} - \frac{1}{2^k} \geqslant \frac{1}{4}$$

由于活动节点的数量在每个成功的时隙中至少减半，所以 $\log n$ 个成功的时隙足以选出一个领导人。现在假设 Y 是一个随机变量，它计算 $8 \cdot c \cdot \log n$ 时隙后的成功时隙的数量。其期望值为 $E[Y] \geqslant 8 \cdot c \cdot \log n \cdot \frac{1}{4} \geqslant 2 \cdot c \cdot \log n$。由于所有这些时隙都是相互独立的，可以应用参数 $\delta = \frac{1}{2}$ 的 Chernoff 约束(见定理 13.28)，其中指出，

$$\Pr[Y<(1-\delta)E[Y]]\leqslant e^{-\frac{\delta^2}{2}E[Y]}\leqslant e^{-\frac{1}{8}\cdot 2c\log n}\leqslant n^{-\alpha}$$

对于任意的常数 α 成立。 ■

备注：

- 我们能不能更快？
- 我们首先简单介绍一下这方面的算法。
  - 在第一阶段，节点的传输概率为 $1/2^{2^0}$，$1/2^{2^1}$，$1/2^{2^2}$，…直到没有节点传输。这就产生了一个关于节点数量的第一近似值。
  - 之后，进行二分搜索，以确定一个更好的 n 的近似值。
  - 第三阶段使用偏随机游走来找到一个 n 的常数近似值。在任何情况下，只要只有一个节点在传输，该算法就会停止，该节点将成为领导人。

算法 13.14　快速统一的领导人选举

1. $i:=1$
2. **repeat**
3. 　$i:=2\cdot i$
4. 　以 $1/2^i$ 的概率传输
5. **until** 没有节点被传输

　{第一阶段结束}

6. $l:=i/2$
7. $u:=i$
8. **while** $l+1<u$ **do**
9. 　$j:=\left\lceil\frac{l+u}{2}\right\rceil$
10. 　以 $1/2^j$ 的概率传输
11. 　**if** 没有节点被传输 **then**
12. 　　$u:=j$
13. 　**else**
14. 　　$l:=j$
15. 　**end if**
16. **end while**

　{第二阶段结束}

```
17. k :=u
18. repeat
19.   以 1/2^k 的概率传输
20.   if 没有节点被传输 then
21.     k :=k−1
22.   else
23.     k :=k+1
24.   end if
25. until 只有一个节点被传输
```

引理 13.15 如果 $j>\log n+\log\log n$，那么 $\Pr[X>1]\leqslant\frac{1}{\log n}$。

证明： 节点以 $1/2^j<1/2^{\log n+\log\log n}=\frac{1}{n\log n}$的概率进行传输。预期传输的节点数为 $E[X]=\frac{n}{n\log n}$，使用 Markov 不等式(见定理 13.27)，得到 $\Pr[X>1]\leqslant\Pr[X>E[X]\cdot\log n]\leqslant\frac{1}{\log n}$。 ■

引理 13.16 如果 $j<\log n-\log\log n$，那么 $\Pr[X=0]\leqslant\frac{1}{n}$。

证明： 节点传输的概率为 $1/2^j>1/2^{\log n-\log\log n}=\frac{\log n}{n}$。因此，节点沉默的概率最多为 $1-\frac{\log n}{n}$。因此，沉默时隙的概率，即 $\Pr[X=0]$，最多为$\left(1-\frac{\log n}{n}\right)^n=\mathrm{e}^{-\log n}=\frac{1}{n}$。 ■

推论 13.17 如果 $i>2\log n$，那么 $\Pr[X>1]\leqslant\frac{1}{\log n}$。

证明： 这是由引理 13.15 得出的，因为这个推论中的偏差甚至更大。 ■

推论 13.18 如果 $i<\frac{1}{2}\log n$，那么 $\Pr[X=0]\leqslant\frac{1}{n}$。

证明： 这是由引理 13.16 得出的，因为这个推论中的偏差甚至更大。 ■

引理 13.19 设存在 v，使得 $2^{v-1}<n\leqslant 2^v$，即 $v\approx\log n$。如果 $k>v+$

2，那么 $\Pr[X>1]\leqslant\frac{1}{4}$。

证明： Markov 不等式的结果是

$$\Pr[X>1]=\Pr\left[X>\frac{2^k}{n}E[X]\right]\leqslant\Pr\left[X>\frac{2^k}{2^v}E[X]\right]$$

$$<\Pr[X>4E[X]]<\frac{1}{4}$$ ■

引理 13.20　如果 $k<v-2$，那么 $\Pr[X=0]\leqslant\frac{1}{4}$。

证明： 如果我们估计得太小，可以用类似的分析方法来确定传输失败概率的上界。我们知道 $k\leqslant v-2$，因此，

$$\Pr[X=0]=\left(1-\frac{1}{2^k}\right)^n<\mathrm{e}^{-\frac{n}{2^k}}<\mathrm{e}^{-\frac{2^{v-1}}{2^k}}<\mathrm{e}^{-2}<\frac{1}{4}$$ ■

引理 13.21　如果 $v-2\leqslant k\leqslant v+2$，那么正好有一个节点传输的概率是常数。

证明： 传输概率为 $p=\frac{1}{2^{v\pm\Theta(1)}}=\Theta(1/n)$，该引理由定理 13.2 的一个稍加修改的版本得出。 ■

引理 13.22　我们有可能在 $O(\log\log n)$时间内以 $1-\frac{1}{\log n}$的概率在第三阶段发现一个领导人。

证明： 对于任何 k，因为有引理 13.19 和引理 13.20，第三阶段的随机游走是偏向好的区域的。我们可以证明，在 $O(\log\log n)$步中，可以得到 $\Omega(\log\log n)$的良好传输。假设 Y 表示正好有一个节点传输的次数。根据引理 13.21，我们得到 $E[Y]=\Omega(\log\log n)$。现在直接应用 Chernoff 约束(见定理 13.28)可以得出，这些传输以 $1-\frac{1}{\log n}$的概率选出一个领导人。 ■

引理 13.23　算法 13.14 以至少 $1-\frac{\log\log n}{\log n}$的概率在 $O(\log\log n)$时间内选出一个领导人。

证明： 从推论 13.17 中我们知道，在经过 $O(\log\log n)$个时隙后，第

一阶段就结束了。由于我们在大小为$O(\log n)$的时隙内进行二分搜索，第二阶段也最多需要$O(\log\log n)$个时隙。对于第三阶段，我们知道根据引理13.22，在$O(\log\log n)$个时隙内以$1-\frac{1}{\log n}$的概率选出一个领导人是充足的，因此，总的运行时间是$O(\log\log n)$。

现在我们可以把这些结果结合起来。我们知道，前两个阶段的每个时隙的错误概率最多为$\frac{1}{\log n}$。使用联合约束(见定理13.26)，我们可以将这些阶段发生错误的概率上界定为$\frac{\log\log n}{\log n}$。因此，我们知道，在第二阶段之后，估计值与$\log n$的距离最多只有$\log\log n$，概率至少为$1-\frac{\log\log n}{\log n}$。因此，可以应用引理13.22，从而以至少为$1-\frac{\log\log n}{\log n}$的概率(联合约束)在$O(\log\log n)$的时间内成功选出一个领导人。 ■

备注：

- 把这个分析再严密一些，我们可以在$\log\log n+o(\log\log n)$的时间内，以$1-\frac{1}{\log n}$的概率来选举一个领导人。
- 我们能不能更快？

13.7 下界

定理 13.24 *以至少$1-\frac{1}{2^t}$的概率选举出一个领导人的任意统一协议都必须至少运行t个时隙。*

证明： 考虑一个只有2个节点的系统。恰好有一个传输的概率最多为

$$\Pr[X=1]=2p\cdot(1-p)\leqslant\frac{1}{2}$$

因此，在t个时隙之后，领导人当选的概率最多为$1-\frac{1}{2^t}$。 ■

备注：

- 设$t=\log\log n$表明算法13.14几乎是严谨的。

13.8　统一异步唤醒

到目前为止，我们假设所有节点都在同一时隙内开始算法。但如果情况不是这样，会发生什么？如果我们想要一个统一的、匿名的(节点没有标识，因此不能根据标识做出决定)算法，需要多长时间才能选出一个领导人？

定理 13.25　如果节点以任意的(最坏情况)方式唤醒，任何算法都可能需要 $\Omega(n/\log n)$ 个时隙，直到一个节点能够成功传输。

证明： 节点必须在某一点上进行传输，否则它们肯定不会成功传输。在统一协议下，每个节点都执行相同的代码。我们专注于节点可能传输的第一个时隙。无论协议是什么，这都是以概率 p 发生的。由于协议是统一的，p 必须是一个常数，与 n 无关。

对手在每个时隙以某个常数 c 唤醒 $w=\frac{c}{p}\ln n$ 个节点。所有在第一个时隙被唤醒的节点将以概率 p 进行传输。我们研究事件 E_1，其中一个在第一个时隙中传输。根据定理 13.29，使用不等式 $(1+t/n)^n \leqslant \mathrm{e}^t$，我们可以得到

$$\begin{aligned}
\Pr[E_1] &= w \cdot p \cdot (1-p)^{w-1} \\
&= c\ln n(1-p)^{\frac{1}{p}(c\ln n-p)} \\
&\leqslant c\ln n \cdot \mathrm{e}^{-c\ln n+p} \\
&= c\ln n \cdot n^{-c}\mathrm{e}^{p} \\
&= n^{-c} \cdot O(\log n) \\
&< \frac{1}{n^{c-1}} = \frac{1}{n^{c'}}
\end{aligned}$$

换句话说，那个时隙高概率将不会成功。由于节点不能区分噪声和沉默，同样的论证适用于每一组醒来的节点。假设 E_α 是所有 n/w 个时隙都不成功的事件。根据定理 13.30，使用不等式 $1-p \leqslant (1-p/k)^k$，我们可以得到

$$\Pr[E_\alpha] = (1-\Pr(E_1))^{n/w} > \left(1-\frac{1}{n^{c'}}\right)^{\Theta(n/\log n)} > 1-\frac{1}{n^{c''}}$$

换句话说，在某些节点可以单独传输之前，它高概率地需要超过 n/w 个时隙。 ■

13.9 有用的公式

在本章中，我们在证明中使用了几个不等式。为了简单起见，我们在本节中列出了所有的不等式。

定理 13.26（Boole'不等式或联合约束） 对于一个可数的事件集 E_1，E_2，E_3，…，我们有

$$\Pr[\bigcup_i E_i] \leqslant \sum_i \Pr[E_i]$$

定理 13.27（Markov 不等式） 如果 X 是任何随机变量，$a>0$，那么

$$\Pr[|X| \geqslant a] \leqslant \frac{E[X]}{a}$$

定理 13.28（Chernoff 约束） 假设 Y_1，…，Y_n 是一个独立的 Bernoulli 随机变量，$Y := \sum_i Y_i$ 对于任何 $0 \leqslant \delta \leqslant 1$，则有

$$\Pr[Y<(1-\delta)E[Y]] \leqslant \mathrm{e}^{-\frac{\delta^2}{2}E[Y]}$$

而对于 $\delta>0$

$$\Pr[Y \geqslant (1+\delta) \cdot E[Y]] \leqslant \mathrm{e}^{-\frac{\min\{\delta,\delta^2\}}{3} \cdot E[Y]}$$

定理 13.29 我们有

$$\mathrm{e}^t\left(1-\frac{t^2}{n}\right) \leqslant \left(1+\frac{t}{n}\right)^n \leqslant \mathrm{e}^t$$

对于所有的 $n \in \mathbb{N}$，$|t| \leqslant n$，注意有

$$\lim_{n\to\infty}\left(1+\frac{t}{n}\right)^n = \mathrm{e}^t$$

定理 13.30 对于所有的 p、k，如果 $0<p<1$，且 $k \geqslant 1$，我们有

$$1-p \leqslant (1-p/k)^k$$

13.10 本章注释

Aloha协议在[Abr70，BAK＋75，Abr85]中进行了介绍和分析；无槽协议是有槽协议的两倍，这一基本技术来自[Rob75]。在分组无线网络中通过构建树状结构进行广播的想法首次于[TM78，Cap79]提出。这个想法也被用在[HNO99]中，用于初始化节点。Willard[Wil86]是第一个成功在$O(\log\log n)$时间内选出领导人的人。更仔细地观察成功率，表明可以在$\log\log n+o(\log\log n)$[NO98]时间内以$1-\frac{1}{\log n}$的概率选出一个领导人。最后，在[JKZ02，CGK05，BKK＋16]中分析了近似网格的节点数。唤醒的概率下界发表在[JS02]中。除了单跳网络，还分析了多跳网络，例如广播[BYGI92，KM98，CR06]或部署[MvRW06]。

13.11 参考文献

[Abr70] Norman Abramson. THE ALOHA SYSTEM: another alternative for computer communications. In *Proceedings of the November 17-19, 1970, fall joint computer conference*, pages 281–285, 1970.

[Abr85] Norman M. Abramson. Development of the ALOHANET. *IEEE Transactions on Information Theory*, 31(2):119–123, 1985.

[BAK+75] R. Binder, Norman M. Abramson, Franklin Kuo, A. Okinaka, and D. Wax. ALOHA packet broadcasting: a retrospect. In *American Federation of Information Processing Societies National Computer Conference (AFIPS NCC)*, 1975.

[BKK+16] Philipp Brandes, Marcin Kardas, Marek Klonowski, Dominik Pająk, and Roger Wattenhofer. Approximating the Size of a Radio Network in Beeping Model. In *23rd International Colloquium on Structural Information and Communication Complexity, Helsinki, Finland*, July 2016.

[BYGI92] Reuven Bar-Yehuda, Oded Goldreich, and Alon Itai. On the Time-Complexity of Broadcast in Multi-hop Radio Networks: An Exponential Gap Between Determinism and Randomization. *J. Comput. Syst. Sci.*, 45(1):104–126, 1992.

[Cap79] J. Capetanakis. Tree algorithms for packet broadcast channels. *IEEE Trans. Inform. Theory*, 25(5):505–515, 1979.

[CGK05] Ioannis Caragiannis, Clemente Galdi, and Christos Kaklamanis. Basic Computations in Wireless Networks. In *International Symposium on Algorithms and Computation (ISAAC)*, 2005.

[CR06] Artur Czumaj and Wojciech Rytter. Broadcasting algorithms in radio networks with unknown topology. *J. Algorithms*, 60(2):115–143, 2006.

[HNO99] Tatsuya Hayashi, Koji Nakano, and Stephan Olariu. Randomized Initialization Protocols for Packet Radio Networks. In *13th International Parallel Processing Symposium & 10th Symposium on Parallel and Distributed Processing (IPPS/SPDP)*, 1999.

[JKZ02] Tomasz Jurdzinski, Miroslaw Kutylowski, and Jan Zatopianski. Energy-Efficient Size Approximation of Radio Networks with No Collision Detection. In *Computing and Combinatorics (COCOON)*, 2002.

[JS02] Tomasz Jurdzinski and Grzegorz Stachowiak. Probabilistic Algorithms for the Wakeup Problem in Single-Hop Radio Networks. In *International Symposium on Algorithms and Computation (ISAAC)*, 2002.

[KM98] Eyal Kushilevitz and Yishay Mansour. An Omega(D log (N/D)) Lower Bound for Broadcast in Radio Networks. *SIAM J. Comput.*, 27(3):702–712, 1998.

[MvRW06] Thomas Moscibroda, Pascal von Rickenbach, and Roger Wattenhofer. Analyzing the Energy-Latency Trade-off during the Deployment of Sensor Networks. In *25th Annual Joint Conference of the IEEE Computer and Communications Societies (INFOCOM), Barcelona, Spain*, April 2006.

[NO98] Koji Nakano and Stephan Olariu. Randomized O (log log n)-Round Leader Election Protocols in Packet Radio Networks. In *International Symposium on Algorithms and Computation (ISAAC)*, 1998.

[Rob75] Lawrence G. Roberts. ALOHA packet system with and without slots and capture. *SIGCOMM Comput. Commun. Rev.*, 5(2):28–42, April 1975.

[TM78] B. S. Tsybakov and V. A. Mikhailov. Slotted multiaccess packet broadcasting feedback channel. *Problemy Peredachi Informatsii*, 14:32–59, October - December 1978.

[Wil86] Dan E. Willard. Log-Logarithmic Selection Resolution Protocols in a Multiple Access Channel. *SIAM J. Comput.*, 15(2):468–477, 1986.

标记方案

想象一下，你想重复查询一个巨大的图，例如，社交网络或道路网络。举例来说，你可能需要找出两个节点是否相连，或者两个节点之间的距离是多少。由于图是如此之大，你把它分布在数据中心的多个服务器上。

14.1 邻接关系

定理 14.1 为树中的节点分配大小为 $2\log n$ 位的标签是可能的，这样对于每一对 u，v 的节点，只要看一下 u 和 v 的标签，就很容易知道 u 是否与 v 相邻。

证明：在树中任意选择一个根，使每个非根节点都有一个父节点。每个节点 u 的标签由两部分组成：u 的 ID(从 1 到 n)，以及 u 的父节点的 ID(如果 u 是根，则没有)。 ■

备注：

- 我们在上面构建的东西被称为标记方案，更确切地说，是树的邻接性的标记方案。从形式上看，一个标记方案的定义如下。

定义 14.2 一个标记方案由一个编码器 e 和一个解码器 d 组成。编码器 e 给每个节点 v 分配一个标签 $e(v)$。解码器 d 按收有关节点的标签并返回某个查询的结果。分配给一个节点的标签的最大尺寸(以位为单位)被称为标记方案的标签尺寸。

备注：

- 在定理 14.1 中，解码器收到两个节点标签 $e(u)$和 $e(v)$，其答案是 Yes 或 No，这取决于 u 和 v 是否相邻。标签大小为 $2\log n$。
- 标签大小是我们在本章中要关注的复杂度度量方法。编码器和解码器的运行时间是文献中研究的另外两个复杂度度量方法。
- 在相邻关系的标记方案和归纳通用图之间有一个有趣的联系：设 F 是一个图族。如果对于所有的 $G\in F$ 中，最多 n 个节点在 $U(n)$中作为节点归纳子图出现，则该图 $U(n)$被称为 F 的 n-归纳通用图。

($U(n)=(V, E)$的节点归纳子图要满足以下条件：它由 V 的子集 V'和 E 中所有边的端点都属于 V'的边构成)。

- 在电影《心灵捕手》中，一个开放性问题是找到所有具有 10 个节点的同胚不可约(非同构，没有度为 2 的节点)树家族的图，T_{10}。对于 T_{10} 来说，最小的归纳通用图是什么？
- 对于一个图族 F，如果有一个具有不同节点标签的邻接标签方案，其标签大小为 $f(n)$，那么对于 F 有一个大小最多为 $2^{f(n)}$ 的 n-归纳通用图。由于 $U(n)$的大小在 f 中是指数级的，所以仔细研究标签大小是很有意思的：如果 f 是 $\log n$，$U(n)$的大小是 n，而如果 f 是 $2\log n$，$U(n)$的大小就变成 n^2！
- 一般图中的邻接性如何？

定理 14.3　在一般的图中，有一种标签大小为$\left\lfloor \frac{n}{2} \right\rfloor + \lceil \log n \rceil \approx \frac{n}{2}$的邻接性的标记方案。

证明：假设每个节点的标签由以下内容组成：

- 一个介于 0 和 $n-1$($\lceil \log n \rceil$位)之间的不同的 IDi。
- 对于 $j=i+1 \bmod n$，…，$i+\left\lfloor \frac{n}{2} \right\rfloor \bmod n$，一位表示与 ID 为 j 的节点相邻。

然后，对于任何一对节点，其中一个节点将包含表示相邻关系的位。该位可以根据 ID 找到。 ■

定理 14.4　在一般图中，任何邻接的标记方案都有一个标签，它的大小至少约等于$\frac{n}{2} \in \Omega(n)$位。

证明：假设 $\mathcal{G}_n$ 表示有 n 个节点的图族。G_n 中的一个图最多可以有$\binom{n}{2}$条边。如果考虑到节点的顺序是不相关的，可以证明$|\mathcal{G}_n| \geqslant 2^{\binom{n}{2}}/n!$，事实上，对于较大的 n 来说，$|\mathcal{G}_n|$会向 $2^{\binom{n}{2}}/n!$ 收敛。

假设有一个标签大小为 s 的来自 $\mathcal{G}_n$ 的邻接图的标记方案。首先，我们认为编码器 e 在 $\mathcal{G}_n$ 上必须是单射的：由于标记方案是针对邻接关系的，e 不能给两个不同的图分配相同的标签。任何节点都有 2^s 个可能的标签，

对于每个 $G\in\mathcal{G}_n$，我们可以选择其中的 n 个。因此，我们得到

$$|\mathcal{G}_n|\leqslant\left(\!\binom{2^s}{n}\!\right)=\binom{2^s+n-1}{n}$$

取消 $n!$ 项，在不等式的两边取对数，我们可以得到 $s>\frac{n-1}{2}\in\Omega(n)$。■

备注：

- 一般图的下界是有点令人失望的；我们想在大图上的查询中使用标记方案！
- 如果图不是任意的，情况就不那么可怕了。例如，在深度受限图中，在平面图中，以及在树中，其界限变为 $\Theta(\log n)$位。
- 那其他的查询呢？比如说距离？
- 接下来，我们将专注于有根树。

14.2 有根树

定理 14.5 有 $2\log n$ 种用于祖先关系的标记方案，即对于两个节点 u 和 v，找出在有根树 T 中 u 是否是 v 的祖先。

证明： 用深度优先搜索的方法遍历树，并考虑得到的节点的预排序，即按照节点被首次访问的顺序列举节点。对于一个节点 u，用 $l(u)$表示预排序中的索引。我们的编码器为每个节点 u 分配标签 $e(u)=(l(u), r(u))$，其中 $r(u)$是在以 u 为根的子树中任何节点 v 出现的最大值 $l(v)$。有了这样分配的标签，我们可以通过检查 $l(v)$是否包含在区间$(l(u), r(u)]$中来发现 u 是否是 v 的祖先。■

算法 14.6 Native-Distance-Labeling(T)

1. 令 l 为 T 的根 r 的标志
2. 令 T_1，…，T_δ 是根为 r 的 δ 孩子的子树
3. **for** $i=1$，…，δ **do**
4. T_i 得到了将 i 加到 l 后获得的标签
5. Native-Distance-Labeling(T_i)
6. **end if**

定理 14.7　树中的距离有一个 $O(n\log n)$ 复杂度的标记方案。

证明： 应用编码器算法 Naive-Distance-Labeling(T)来标记树 T。编码器给每个节点 v 分配一个序列(l_1，$l_2\cdots$)，序列 $e(v)$的长度最多为 n，序列中的每个条目最多需要 $\log n$ 位。一个节点 v 的标签(l_1，…，l_k)应于 T 中从 r 到 v 的路径，路径上的节点被标记为(l_1)，(l_1，l_2)，(l_1，l_2，l_3)，以此类推。通过重建 $e(u)$和 $e(v)$的路径，可以得到 T 中 u 和 v 之间的距离。■

备注：

- 我们可以更仔细地分配标签以获得更小的标签尺寸。为此，我们使用以下 Heavy-Light-Decomposition。

算法 14.8　Heavy-Light-Decomposition(T)

1. 节点 r 是 T 的根
2. 令 T_1，…，T_δ 是根为 r 的 δ 子节点的子树
3. 根据节点的数量，令 $T_{\max}$ 为{T_1，…，T_δ}中最大的树
4. 将边(r，$T_{\max}$)标记为 heavy
5. 将 r 的其他子节点的所有边标记为 light
6. 分配名字 1，…，δ 给 r 的轻边
7. **for** $i=1$，…，δ **do**
8. 　Heavy-Light-Decomposition(T_i)
9. **end for**

定理 14.9　树中的距离有一个 $O(\log^2 n)$复杂度的标记方案。

证明： 对于我们的证明，使用 Heavy-Light-Decomposition(T)将 T 的边划分为重边和轻边。所有重边形成一个路径集合，称为重路径。此外，从根节点出发，通过与轻边相连的重路径序列可以到达每一个节点。我们不存储到达节点的全部路径，而只存储从根部到达一个节点的重路径和轻边的信息。

例如，如果节点 u 可以通过先使用 2 条重边，然后是第 7 条轻边，然后是 3 条重边，然后是轻边 1 和 4 来到达，那么我们给 v 分配的标签是(2，7，3，1，4)。对于任何节点 u，从根到 u 的路径 $p(u)$现在由标签指定。任何两个节点之间的距离都可以用路径来计算。

由于每一个父代最多有 $\Delta<n$ 个孩子，所以轻边的名字最多只有 $\log n$ 位。轻边孩子的数量(子树中的节点数)小于其父代的一半，所以一条路径可以有少于 $\log n$ 条轻边。在任何两条轻边之间，都可能有一条重路径，所以我们在一个标签中最多可以有 $\log n$ 条重路径。这样一条重路径的长度也可以用 $\log n$ 位来描述，因为没有一条重路径有超过 n 个节点。因此，我们最多需要 $O(\log^2 n)$位。 ■

备注：

- 我们可以证明，任何用于测量树中距离的标记方案都需要使用大小至少为 $\Omega(\log^2 n)$的标签。
- 定理 14.9 中的距离编码器也支持其他查询的解码器。因此要判断祖先，只需检查 $p(u)$是否是 $p(v)$的前缀，反之亦然。
- 最低共同祖先是节点 w，它在 $p(u)$和 $p(v)$上以及 u 和 v 之间最短路径上；u 和 v 的分离程度是 w 到根的距离。
- 如果两个节点的距离为 2，但它们不是祖先，那么它们就是兄弟姐妹。
- heavy-light 分解可以用来在其他标记方案中减去一些位，例如祖先或邻接关系。

14.3 道路网络

标记方案被用来快速寻找道路网络中的最短路径。

备注：

- 一个天真的方法是在每个节点 u 中存储到其他所有节点 v 的最短路径，这需要不切实际的内存。例如，西欧的公路网有 1800 万个节点和 4400 万条有向边，而美国的公路网有 2400 万个节点和 5800 万条有向边。
- 如果我们只存储到所有目标的最短路径上的下一个节点呢？在最坏的情况下，这仍然需要每个节点有 $\Omega(n)$位。此外，回答一个简单的查询需要多次调用解码器。
- 为了简单起见，让我们只专注于回答距离查询。即使我们只想知道距离，存储 n^2 个距离的全表也要花费超过 1000TB，对将其存储在内存中的方案来说太多。

- 编码器的想法是计算一个位于许多最短路径上的中心节点的集合 S。然后，我们在每个节点 u 上只存储以 u 为起点或终点的最短路径上的中心节点的距离。
- 给出两个标签 $e(u)$ 和 $e(v)$，假设 $H(u, v)$ 表示出现在两个标签中的中心节点集。解码器现在简单地返回 $d(u, v)=\min\{\text{dist}(u, h)+\text{dist}(h, v): h\in H(u, v)\}$，所有这些都可以从这两个标签中计算出来。
- 现在找到一个好的标记方案的关键在于找到好的中心节点。

算法 14.10　Native-Hub-Labeling(G)

1. 设 P 是所有 n^2 条最短路径的集合
2. **while** $P\neq\varnothing$ **do**
3. 　设 h 是 P 中最大路径数上的一个节点
4. 　**for** 所有路径 $p=(u, \cdots, v)\in P$ **do**
5. 　　**if** h 在 p 上 **then**
6. 　　　将 h 加上距离 $\text{dist}(u, h)$ 到 u 的标签上
7. 　　　将 h 加上距离 $\text{dist}(h, v)$ 到 v 的标签上
8. 　　　从 P 中去掉 p
9. 　　**end if**
10. 　**end for**
11. **end while**

备注：

- 不幸的是，算法 14.10 需要很长的时间来计算。
- 另一种方法是按以下方式计算集合 S，编码器(算法 14.11)首先构建最短路径覆盖。如果 S_i 包含每条长度在 2^{i-1} 和 2^i 之间的最短路径上的一个节点，则节点集 S_i 是一个最短路径覆盖。在节点 v，只有 S_i 中位于 v 周围半径为 2^i 的球(用 $B(v, 2^i)$ 表示)内的中心节点被存储。

算法 14.11　Hub-Labeling(G)

1. **for** $i=1, \cdots, \log D$ **do**
2. 　计算最短路径覆盖 S_i

3. **end for**
4. **for** 所有 $v \in V$ **do**
5. 设 $F_i(v)$ 为集合 $S_i \cap B(v, 2^i)$
6. 设 $F(v)$ 为集合 $F_1(v) \cup F_2(v) \cup \cdots$
7. v 的标签包含 $F(v)$ 中的节点，以及它们到 v 的距离
8. **end for**

备注：

- 最短路径覆盖的大小将决定解决方案的空间效率如何。事实证明，现实世界的网络允许有小的最短路径覆盖：参数 h 是所谓的 G 的高速公路维度，被定义为 $h = \max_{i,v} F_i(v)$，并且推测 h 对公路网络来说是小的。
- 用最小数量的中心节点来计算 S_i 是 NP-hard 问题，但人们可以在多项式时间内计算出 S_i 的 $O(\log n)$ 近似值。因此，标签大小最多为 $O(h \log n \log D)$。通过对每个标签中的节点按其 ID 排序，解码器可以在 $O(h \log n \log D)$ 时间内并行扫描两个节点列表。
- 虽然这种方法产生了良好的理论界限，但编码器在实践中仍然太慢。因此，在计算最短路径覆盖之前，首先通过引入捷径来收缩图。
- 基于这种方法，在目前的硬件上可以在不到 $1\mu s$ 的时间内进行一个跨洲的道路网络的距离查询，比单一的随机软盘访问快几个数量级。储存所有的标签需要大约 20GB 的内存。
- 该方法可以扩展到支持最短路径查询，例如，通过存储通往/来自中心节点的路径，或通过递归查询位于通往中心的最短路径上的节点。

14.4 本章注释

邻接标签是由 Breuer 和 Folkman 首次研究的[BF67]。树的 $\log n + O(\log^* n)$ 上界是由于[AR02]使用聚类技术得到的。相反，有研究表明，对于一般的图，通用图的大小至少是 $2^{(n-1)/2}$，由于荫度为 d 的图可以被分解成 d 个森林[NW61]，[AR02]标记方案可以用来给荫度为 d 的图贴上 $d \log n + O(\log n)$ 位标签。关于有根树的标记方案的全面综述，请查看[AHR]。

Ackermann[Ack37]已经研究了通用图，后来 Erdos，Rényi 和 Rado [ER63，Rad64]也研究了通用图。标记方案和通用图之间的联系得到了彻底的研究[KNR881]。我们的邻接下界沿用了[AKTZ141]的介绍，它也总结了这个研究领域的最新成果。

距离标记方案是由 Peleg[Pe100]首次研究的。高速公路维度的概念是由[AFGW10]引入的，它试图解释许多启发式方法在加快最短路径计算方面的良好表现，例如过境节点路由[BFSS07]。他们关于修改 SHARC 启发式方法的建议提出了中心标签方案[BD08]，并被实施和评估[ADGW11]，后来又被完善[DGSW14]。伸展度小于 3 的路由(最短路径)的 $\Omega(n)$ 标签大小下界是由[GG01]提出的。

14.5 参考文献

[Ack37] Wilhelm Ackermann. Die Widerspruchsfreiheit der allgemeinen Mengenlehre. *Mathematische Annalen*, 114(1):305–315, 1937.

[ADGW11] Ittai Abraham, Daniel Delling, Andrew V. Goldberg, and Renato Fonseca F. Werneck. A hub-based labeling algorithm for shortest paths in road networks. In *SEA*, 2011.

[AFGW10] Ittai Abraham, Amos Fiat, Andrew V. Goldberg, and Renato Fonseca F. Werneck. Highway dimension, shortest paths, and provably efficient algorithms. In *SODA*, 2010.

[AHR] Stephen Alstrup, Esben Bistrup Halvorsen, and Noy Rotbart. A survey on labeling schemes for trees. To appear.

[AKTZ14] Stephen Alstrup, Haim Kaplan, Mikkel Thorup, and Uri Zwick. Adjacency labeling schemes and induced-universal graphs. *CoRR*, abs/1404.3391, 2014.

[AR02] Stephen Alstrup and Theis Rauhe. Small induced-universal graphs and compact implicit graph representations. In *FOCS*, 2002.

[BD08] Reinhard Bauer and Daniel Delling. SHARC: fast and robust unidirectional routing. In *ALENEX*, 2008.

[BF67] Melvin A Breuer and Jon Folkman. An unexpected result in coding the vertices of a graph. *Journal of*

Mathematical Analysis and Applications, 20(3):583 – 600, 1967.

[BFSS07] Holger Bast, Stefan Funke, Peter Sanders, and Dominik Schultes. Fast routing in road networks with transit nodes. *Science*, 316(5824):566, 2007.

[DGSW14] Daniel Delling, Andrew V. Goldberg, Ruslan Savchenko, and Renato F. Werneck. Hub labels: Theory and practice. In *SEA*, 2014.

[ER63] P. Erdős and A. Rényi. Asymmetric graphs. *Acta Mathematica Academiae Scientiarum Hungarica*, 14(3-4):295–315, 1963.

[GG01] Cyril Gavoille and Marc Gengler. Space-efficiency for routing schemes of stretch factor three. *J. Parallel Distrib. Comput.*, 61(5):679–687, 2001.

[KNR88] Sampath Kannan, Moni Naor, and Steven Rudich. Implicit representation of graphs. In *STOC*, 1988.

[NW61] C. St. J. A. Nash-Williams. Edge-disjoint spanning trees of finite graphs. *J. London Math. Soc.*, 36:445–450, 1961.

[Pel00] David Peleg. Proximity-preserving labeling schemes. *Journal of Graph Theory*, 33(3):167–176, 2000.

[Rad64] Richard Rado. Universal graphs and universal functions. *Acta Arith.*, 9:331–340, 1964.

练　习

第 1 章练习

练习 1　归约算法

在第 1 章中，提出了一种分布式算法(归约)，用于在 n 个同步回合中用 $\Delta+1$ 种颜色给任意图着色(Δ 表示最大的程度，n 表示图的节点数)。

a) 消息复杂度是多少，即算法在最坏情况下发送的消息总数?

提示：注意算法 1.9 第 6 行中提到的发送 "undecided" 实际上是不需要的。节点完全可以不发送任何信息，因此可以在分析时忽略这些信息。

b) 设 m 为边的数量，你能得出正在发送的信息的确切数量吗?

练习 2　TDMA

你已经在第 1 章中了解了着色和 TDMA(时分多址)。现在我们将介绍两个应用，展示着色的相关性。假设有一些节点如图 15.1 所示放置。这些节点使用某种无线通信交换消息。

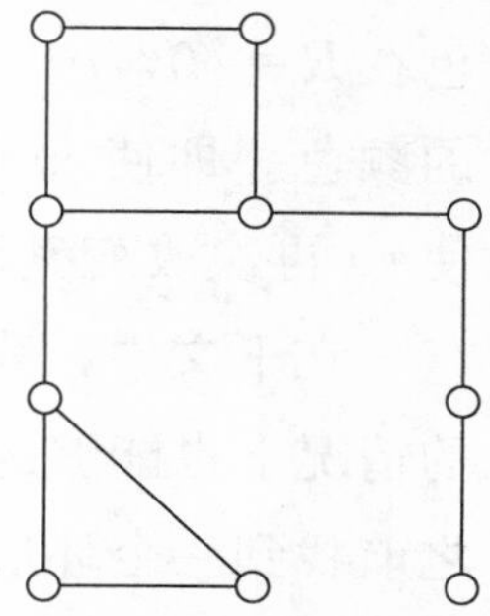
图 15.1　无线网络

a) 如果相邻的两个节点同时发送消息，那么就会产生消息干扰，导致没有节点会收到有效消息。我们现在要为这些节点分配槽位，使它们能够在没有任何干扰的情况下进行通信。因此，你的任务是给这些特定实例的节点涂上尽可能少的颜色，以最大限度地增加可以交换的消息量。

b) 你已经升级更快的无线通信方式，但它会更容易出错。除了不允许两个相邻的节点同时发送消息外，还有另一个制约因素。如果节点的两个(或更多)邻居发送一个消息，那么节点就不能再正确解码任何一个消息了。你会怎么建立这个模型呢? 你现在需要多少种颜色?

c) 我们现在介绍另外一个有关着色的应用领域。学生们可以选择他们想听的讲座。这些讲座不应该在同一时间进行，以便于学生能够参加他们所选择的讲座。现在给你一份学生和他们想参加的讲座的名单，你应该把这些讲座安排在尽可能少的时间段。

- Arnold 希望参加分布式计算原理、统计学习理论和普适计算。
- Berta 想参加分布式计算原理和图论。
- Christina 想参加密码学。
- Don 想参加统计学习理论和普适计算。
- Emil 想参加图论和密码学。
- Flo 想参加分布式计算原理和密码学。

练习 3　着色环和树

算法 1.17 和 1.21 的组合可以在 $O(\log^* n)$的时间内给任意一棵具有 n 个节点、3 种颜色的有向树着色。它由两个阶段组成。在第一阶段(算法 1.17)，由所有节点 ID 组成的初始着色被减少到 6 种颜色，在第二阶段(算法 1.21)，6 种颜色进一步减少到 3 种。注意，为了决定何时从第一阶段切换到第二阶段，运行算法的节点实际上要计算 $\log^* n$ 轮。然而，这只有在节点知道节点总数 n 的情况下才有可能。如果 n 未知，节点就不知道第一阶段何时结束。运行算法 1.17 的节点 v 不能简单地决定一旦它的颜色在 $R=\{0, \cdots, 5\}$中就结束，因为它的父节点 w 在未来仍然可能改变它的颜色。即使 w 的颜色也在 R 中，w 可能会收到来自其父辈的信息，迫使 w 再次改变其颜色(有可能是节点 v 的颜色)。

在下文中，我们想克服这个问题，使算法 1.17 和 1.21 在节点不知道 n 的情况下也能够运行。为了使我们的操作更轻松，我们试图在解决树的问题之前找到一个环形拓扑结构的解决方案。从形式上看，环是一个图 $G=(V, E)$，其中 $V=\{v_1, \cdots, v_n\}$，$E=\{\{v_i, v_j\}, | j=i+1(\mathrm{mod}\ n)\}$。你可以假设 G 是一个有向环，即节点可以区分“左”和“右”。[⊖]

a) 请说明在节点知道 n 的情况下，树的迭代对数着色算法如何在环上应用。

b) 现在调整 a) 中的算法，使其在环状节点不知道 n 的情况下也能工作，并保留 $O(\log^* n)$的运行时间！

⊖ 请注意，这个假设比方向感更强，方向感仅仅要求节点能够区分它们的邻居。

一旦环中节点 v 的颜色在 R 中，它就想把使用的颜色数量减少到 3 种。展示这个还原阶段是如何工作的，即使第一阶段可能没有终止在环的其他部分！

提示：你可以使用额外的颜色来划分环，并在原地切换阶段[㊀]。

c) 根据前面的练习，设计一个统一的算法，在 $O(\log^* n)$的时间内使用最多 3 种颜色为任何有向树着色！如果一个分布式算法在不知道节点数 n 的情况下也能工作，那么它就被称为统一算法。

第 2 章练习

练习 4　匹配许可证

在为一项高度危险的任务做准备时，为了安全起见，庞大的 Liechtensteinian 特勤局(LSS)参与任务的特工们需要两人一组工作。LSS 的所有成员都被组织成一个树状的层次结构，只能通过官方渠道进行通信：每个特工有一条安全的电话线与他的直接上司联系，还有一条安全的电话线与他的每个直接下属联系。最初，每个特工都知道他是否参加了这项任务。目标是让每个特工找到一个搭档。

a) 设计一种算法，使一个参与的特工与另一个参与的特工在通信受限情况下进行匹配。匹配包括一个特工知道他的搭档的身份和连接他们的层次结构中的路径。设有偶数个特工参与，这样就能保证每个人都能有一个搭档。此外，鉴于连接两个成对的特工的电话线需要一直保持开放[㊁]，因此在连接特工和他们的搭档时，你不能两次使用同一个链接(即同一条边)。

b) 你设计的算法的时间复杂度与消息(即通话)复杂度是多少？

练习 5　分配许可证

我们假定是在练习 4 后的另一天，在 LSS 办公室。上述任务成功后，参与任务的特工们收集了大量的机密文件，有些特工可能收集到很多，有些则没有。现在他们需要在整个机构中分配这些文件，即让 LSS 中的每个人都处理相同数量的文件。

a) 假设 LSS 中有 n 个特工，也总共有 n 份文件。设计一种方法为特

㊀ 注意，一个节点不能等到知道其他所有节点都准备好了才开始第二阶段，因为这需要 n 个数量级的时间。

㊁ 在紧急情况下，他们失去联系的情况下。

工们分配他们的机密文件：最后，每位特工都应正好有一份文件。通信方案与上述相同。

b）你的算法在时间和消息量方面的表现如何？你可以假设一条消息可以发任意数量的文件。

练习6 重组LSS

回顾一下LSS的组织结构：LSS的每个成员只能通过一条安全的电话线与他的直接上司和直接下属沟通。在这个树状结构的顶端坐着“大老板”L。没有任何下属的成员是外勤人员，其他所有人（包括L）都是办公室工作人员。设LSS成员的总数为$n>1$。

a）为了提高LSS的效率，L认为有太多的办公室工作人员，而没有足够外勤人员拯救世界。为此，他需要确切地知道公司里有多少办公室人员和外勤人员。请设计一个高效的异步、分布式算法，从L开始来确定这些数字。

b）你设计的算法的时间复杂度和消息复杂度是多少？由于政治动荡，Liechtenstein现在分裂成两个部分，分别是Lichtstein和Lampenstein，他们各自都想拥有自己的特工部门，分别是LiSS和LaSS。政治家们同意从原来的LSS中创建两组人。目标是每个新的团体都有能力完成与之前LSS相同的工作。在原先LSS的任务是这样的，每位成员都知道如何执行自己和直接联系人（即直接上级和下级）的所有任务。而由于一个人只能有一个公民身份，他只能是LiSS或LaSS的成员。请注意，在这一点上我们并不关心未来LiSS和LaSS的内部结构，只关心成员资格。

c）设计一个异步算法，将LSS中的每个成员分配给LiSS或LaSS。该算法由L开始，应在$O(\text{depth}(T))$时间内结束，其中T指的是LSS结构。

d）与上述任务相同。现在算法可能是同步的。所有成员同时开始，并应在$O(\log^* n)$时间内终止，其中n是原先LSS中成员的数量。你可以用第2章的算法作为黑盒。请证明你的算法在规定的时间内正确地解决了问题。

e）如果Liechtenstein被分裂成几个部分，那么最多能建立多少个这样的实体，为什么？

第3章练习

练习7 在“几乎匿名”的环中选举领导人

a）在一个同步环中，除了一个处理器外，其他处理器都有相同的标识，那么是否可能确定的选举出领导人？请设计一个算法或证明一个不可能的结果。

b）设有一个同步环，其中正好两个节点有标识 A，其他所有节点都有标识 B，在这种情况下，是否可能确定选举领导人？请设计一个算法或证明一个不可能的结果。

练习 8　在特定图中选举领导人

这项任务的目标是对求解领导人选举问题的可行性有更多的了解。我们假设节点以同步轮次进行通信。图是匿名的，也就是说，节点没有唯一的 ID。

当节点终止时，节点不应当再发送任何消息或改变起内部状态。当所有节点终止时，则算法终止。一旦算法终止，必须有且仅有一个节点处于“领导人”状态。所有其他节点必须知道有一个唯一的领导人。

让我们首先考虑一个有 n 个节点的匿名树的情况。所有节点在最开始都不知道自己在树中的位置(根节点、叶节点、内节点)，并都处于相同的状态(未决定)。你的目标是设计一个算法，做到以下几点：

1. 有且仅有一个节点为根节点。
2. 所有节点只有一个邻居节点为叶节点。
3. 其余节点为内节点。

a）证明没有确定的算法可以解决给定的任务。

b）如果我们要求底层图有奇数个节点，你能找到这样的算法吗？要么证明不存在这样的算法，要么设计一个能解决该问题的算法。在后一种情况下，还要得出时间复杂度并证明该算法的正确性。

现在让我们考虑环形图的情况。环形图由一个 $m \times n$ 个节点的网络组成。每个节点都有四个邻居(东、南、西、北)。网格边界上的节点与反面边界上的对应节点相连(见图 15.2)。

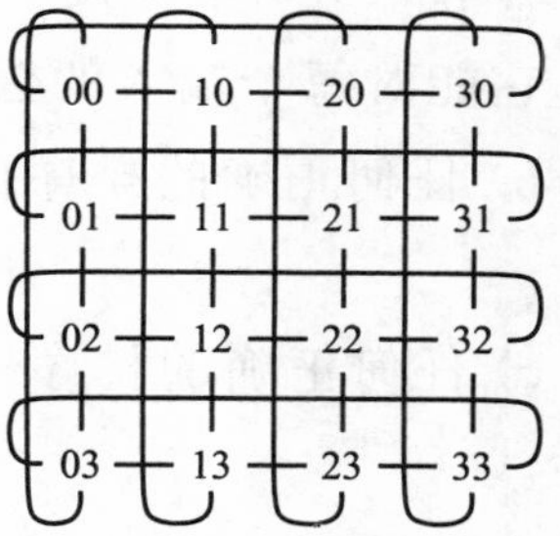

图 15.2　$m=n=4$ 的环形图的样本

c）在这样的图中，是否有一个确定的、非统一的[⊖]、匿名的算法来选举一个领导人？证明不可能或设计一个算法。

⊖ 如果算法不知道节点的数量，那么这个算法就被称为统一算法。

d) 如果网格的大小(m, n)是未知的，是否有可能计算出网格的大小？证明不可能或设计一个(统一)算法。

e) 现在假设从图中移除任意一个节点，其邻居是相互连接的(南北向和东西向)。在这个图中，匿名领导人选举是否可能？证明不可能或设计一个算法。

提示：一个节点能否确定它是否与被移除的节点位于同一行或同一列？

练习9 AND的分布式计算

设一个匿名环，每个处理器都有一位输入。假设节点可以区分它们的邻居，也就是说，当一个节点 v 收到一个消息时，v 知道时哪个邻居发送了这个消息。(注意，节点可能不知道一致的顺时针或逆时针方向的环。)

a) 证明不存在统一同步算法可以计算所有输入位的AND。

b) 设计一个计算AND的异步(非统一)算法；该算法在最坏的情况下应发送 $O(n^2)$ 消息。

c) 设计一个计算AND的同步(非统一)算法；该算法在最坏的情况下应该发送 $O(n)$ 消息。你的算法的时间复杂度是多少？

第4章练习

练习10 排序网络

对于以下每个问题，请证明或反驳给定的想法。

a) 图15.3中宽度为6和12的比较器网络是一个排序网络，也就是说，它能对每个输入的数字序列进行正确排序。

b) 任何正确的排序网络，在最后添加另一个比较器不会破坏排序的特性。

c) 任何正确的排序网络，在前面添加一个比较器并不会破坏排序的特性。

d) 在每个正确的排序网络中，每两根连续导线之间至少有一个比较器。

e) 一个网络包含了 n 条线中任何两条线之间的所有 $\binom{n}{2}$ 比较器，无论它们的顺序如何，都是一个正确的排序网络。

f) 任何正确的排序网络，在任意地方添加另一个比较器都不会破坏排序的特性。

g)给定任何正确的排序网络，将其倒置(即把输入线送入输出线并从右向左遍历网络)会产生另一个正确的排序网络。

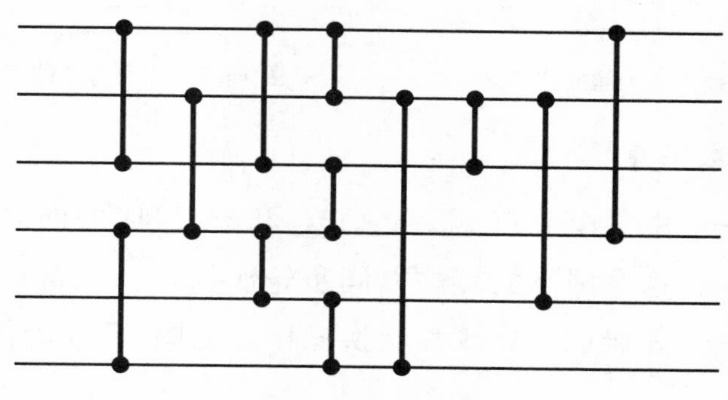

图 15.3　正确的排序网络

练习 11　使用超立方体进行排序

a) 如图 15.4，给你一个尺寸为 3 的带标签的超立方体 H_3，要求你用 8 条线，只在 H_3 中对应顶点有边连接的线中使用比较器(例如，你可以比较 0 号顶点和 1 号顶点，但不能比较 1 号顶点和 2 号顶点)，来构建一个正确的排序网络。请解释为什么这是不可能的。

b) 现在你可以改变 H_3 中顶点的标签。请证明这允许你只在 H_3 对应顶点的连接线之间使用比较器来构建一个正确的排序网络。

c) 论证如何给维度为 d 的超立方体 H_d 分配标签，从而可以构建一个正确的排序网络。

d) 现在，你可以使用定向比较器来代替普通比较器，定向比较器可以将较大的元素移到相连的两根线的上端(↑)或下端(↓)。请说明如果禁止在线 1 和线 2 放比较器，那你应该怎样用三条线(命名为 0、1、2)构建一个正确的排序网络。

e) 请解释如何将一个使用定向比较器的排序网络转化为一个只使用普通比较器的排序网络。

f) 在 H_2 中对应顶点由边连接的线之间使用有向比较器，请构建一个有四条线的正确排序网络。

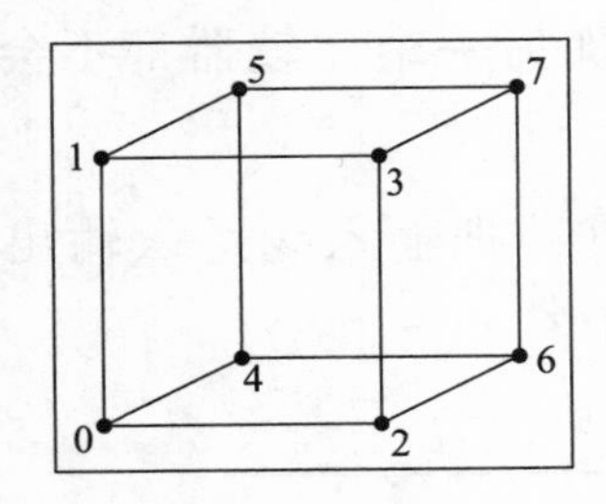

图 15.4　维数为 3 的超立方体 H_3

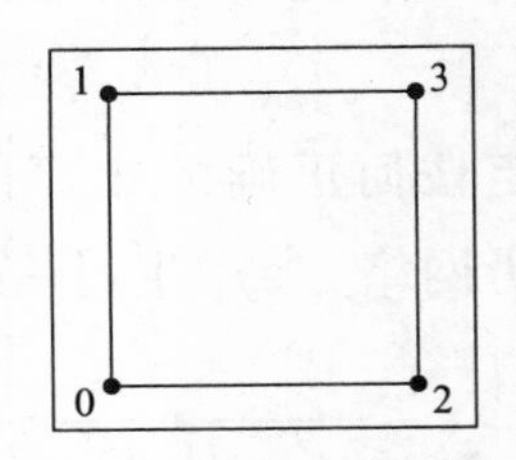

图 15.5　维度为 2 的超立方体 H_2

练习 12　低成本排序

请考虑有一个由 4 个节点 v_1、v_2、v_3 和 v_4 组成的网络。每个节点都有一个数字输入，这个网络的算法以同步轮次执行。在每一轮中，每个节点最多可以与一个邻居进行比较和交换操作，见图 15.6 的例子。

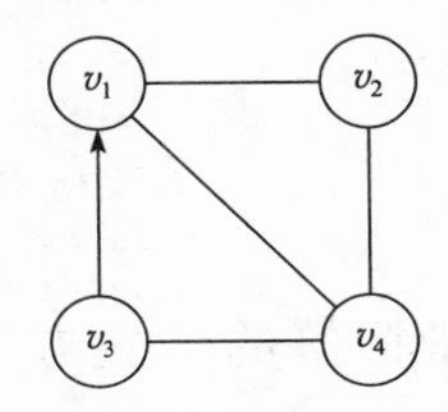

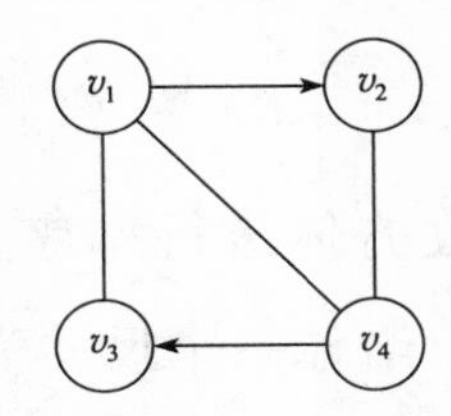

图 15.6　一个网络示例，除了 v_2 和 v_3，所有节点对之间都有边。在一对节点之间进行比较和交换(用箭头表示)后，较小值和较大值分别移到箭头头部和尾部的节点。在第一轮中，在 v_1 和 v_3 之间进行比较和交换，较小值移到节点 v_1。在第二轮中，在 v_2 和 v_1 之间、v_3 和 v_4 之间进行比较与交换

在一个有 m 条边的网络中，t 轮是 $m \cdot t^2$。对于问题 a) 和 b)，请给出精确而非渐近的界限。

a) 请考虑在一个有 4 个节点 v_1、v_2、v_3 和 v_4 的网络中，找到输入数中的最小值的问题。

(a) 请给出将最小值放置在节点 v_1 在任意网络所需边数的下界。

(b) 请给出将最小值放置在节点 v_1 在任意算法所需轮数的下界。

(c) 请给出一个网络和一个算法，将最小值放置在节点 v_1，使得成本 $m \cdot t^2$ 最小。

b) 现在请考虑在有 4 个节点 v_1、v_2、v_3 和 v_4 的网络中，排序输入数的问题，使节点 v_i 得到第 i 小的数。

(a) 请给出任意算法对数字进行排序所需轮数的下界。

(b) 请给出一个网络和一个算法对数字进行排序，使得成本 $m \cdot t^2$ 最

小(更低成本可以获得更多的分数)。

c) 现在给你 n 个节点。请描述如何设计一个网络和一个算法，使得成本 $m \cdot t^2$ 最小。这一部分请使用大 O 的符号(更低渐近成本可以获得更多的分数)。

第 5 章练习

练习 13　共享总和

在第 5 章中，我们讨论了如何有效地利用共享寄存器来让每个进程向其他所有进程广播一个值。现在我们考虑一个不同的情况：每个进程 p_i 都要计算一个本地变量 x_i，现在我们想让所有进程都能得到这个和 $x := \sum_{i=1}^{n} x_i$ 。

我们想保证以下几点：如果一个进程更新变量 x_i，应该首先确保 x 在处理前有相应的更新。但我们并不希望使用大量的寄存器或一个巨大的寄存器。在下文中，给定一个可以存储 $O(\log n)$位的单一寄存器(常数的选择由你决定)。以外，我们假设“x 不能变得太大”，即 x_i(也就是 x)的大小是 n 的多项式，因此可以用 $O(\log n)$位进行编码。

a) 请给出一个使用共享寄存器的解决方案，这个方案支持具有稳定更新与访问复杂度的读取和加入操作。如果可能的话，防止锁定和死锁。

b) 请给出一个使用比较和交换寄存器的解决方法，同样具有稳定的访问复杂度。如果成功，一个更新应该需要恒定的步骤(否则过程可能重试)。锁定是否会被排除?

c) 请给出一个使用加载-连接/存储-条件寄存器的解决方法。将其与前面的解决方案进行比较。

d) 现在假设比较与交换操作的返回值不是操作是否成功，而是操作后存储在寄存器中的值。请问这个问题还能被解决吗？请证明你的猜想！

练习 14　空间有效的二叉树算法

第 5 章中使用二叉树的自适应算法需要存储一棵深度为 $n-1$ 的完全二叉树，从而需要指数级的内存需求。

假设该算法被修改为以下方式：每当一个进程带着左或右的结果离开划分器时，它就会抛出一个硬币，左或右以 1/2 的概率替换这个结果。证明对于该算法的随机变体，高概率[⊖]足以分配 n 的多项式级的内存。

练习 15　共享聚类系数

定义(聚类系数)　一个顶点 v_i 的本地聚类系数 $C(v_i)$ 被定义为，从与 v_i 相邻的顶点中选择一对顶点，这对顶点也同样相邻的概率，即

$$C(v_i)=\frac{\#v_i\text{ 的邻居顶点之间的边}}{\binom{|\mathcal{N}_{v_i}|}{2}}$$

其中 $\mathcal{N}_{v_i}$ 是 v_i 的邻居顶点的集合。图 $G=(V, E)$ 的聚类系数 $C(G)$ 是所有顶点 $v_i\in V$ 的本地聚类系数的均值。

对于这项任务，我们研究了使用一组 n 个处理器核心对图 $G=(V, E)$ 的聚类系数进行并行计算的问题。图 G 有 $|V|=n$ 个节点，节点度最大为 10。所有处理机核心都可以访问一个只读共享内存 M。这个内存包含以下形式的图 G：对于每个节点 $v_i\in V$，内存持有一个包含 v_i 的邻居节点索引的列表 M_i，即 $M_i[j]$ 是 v_i 的第 j 个邻居的索引。注意，列表 M_i 的大小等于 v_i 的度。

a) 请设计一个共享内存算法来计算 G 中所有的本地聚类系数 $C(v_i)$，$i=1, \cdots, n$(假设所有处理器核心可以并行运行)。你的算法的时间复杂度是多少?

b) 当所有本地聚类系数被计算出来时，可以求出均值来计算出图的聚类系数。假设我们有一个容量为 $O(\log n)$ 位的共享读写存储寄存器 R。考虑到所有处理器核心 $i\in\{1, \cdots, n\}$ 都知道它的本地聚类系数 $C(v_i)$，请概述一个使用 R 尽可能快地计算 $C(G)$ 的算法，并给出其时间复杂度。

c) 假设我们有无数的共享读写内存寄存器 R_k，$k=1, 2, \cdots$，每个容量都为 $O(\log n)$ 位。同样，考虑到任何处理器核心 $i\in\{1, \cdots, n\}$ 知道 $C(v_i)$，请概述一个使用这些寄存器计算 $C(G)$ 的快速算法，并给出其时间复杂度。

d) 你在 c) 给出的解法是渐近最优的吗? 请给出非正式的解释，说明为什么它是或不是最优的。

⊖ 即对于一个可选择的常数 $c>0$，概率至少为 $1-1/n^c$。

第 6 章练习

练习 16　并发性 Ivy

考虑图 15.7 中的 Ivy 共享变量协议的树。有 3 个并发请求由 v_1、v_2 和 v_3 放置。令牌最初由标有 r 的圈内节点持有。我们假设同步执行。

a）请给出被服务的请求顺序。

b）画出最后一个请求被服务后的树。

c）证明在异步的情况下，Ivy 最多产生 $O(\log n)$的平摊消息复杂度的开销。

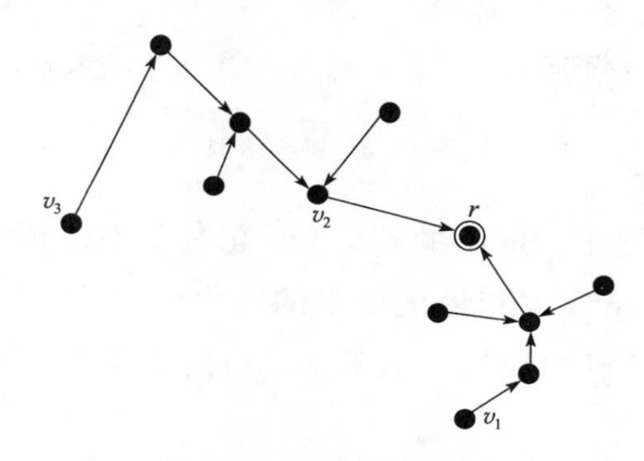

图 15.7　问题 16 中的树

练习 17　紧的 Ivy

定理 6.12 表明，平均而言，获取一个锁最多需要 $\log n$ 步，其中 n 是处理器的数量。

通过构建一棵由 n 个节点组成的树，如果所有的请求都由树[1]中合适的节点按顺序执行，那么每个请求都需要 $\log n$ 步，从而证明这个步骤数的约束是严格的。

练习 18　基于树的 Ivy

在第 6 章中，你看到了非加权完全图的 Ivy 协议。在这个任务中，我们将 Ivy 协议应用于加权树：你从一棵加权树开始，任何指针的权重都是树中相应节点之间的距离。换句话说，我们将考虑第 6 章中的 Ivy 算法在完整加权图上的表现，其中任何两个节点之间的距离是由底层树上的距离

[1] 假设 n 是 2 的幂，构建一棵树，其拓扑结构在每次请求后相对于令牌持有者保持不变。

定义的。

a) 请证明图 15.8a 中给出的基于树的 Ivy，以及图 15.8b 中相应的完全图，其竞争比率至少为 $2-\varepsilon$。因此，给出一个重复的请求序列，使 Ivy 成本和最优成本的比率至少为 $2-\varepsilon$。对于一个请求序列，Ivy 成本被定义为 Ivy 算法在连续请求之间的距离之和，而最优成本是连续请求之间最短距离之和。请注意，ε 应该可以是任意小的。

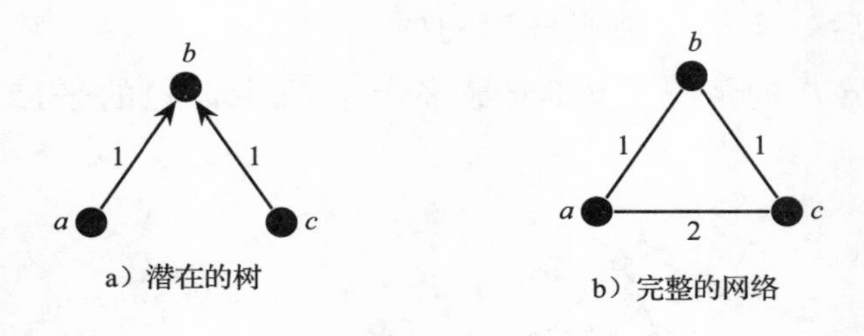

图 15.8　一个示例

b) 请证明对于图 15.8a 中的树，Ivy 总是具有 2-竞争性，即对于任何有限的请求序列，Ivy 成本和最优成本的比率最多为 2。

c) 证明 Ivy 在一般加权树上具有 $\Omega(n)$ 的竞争性，其中 n 是树中的节点数。

提示： 你只需要在树上的边的权重为 1 和 ε。

第7章练习

练习 19　确定性极大独立集

在第 7 章中，我们讨论了一种虽然缓慢但简单的确定性极大独立集(MIS)算法(算法 7.3)，其中节点的决定是基于它们的标识。这个算法的时间复杂度是 $O(n)$。

我们可能希望如果拥有最大度的节点，即最大数量的邻居，决定进入 MIS，那么未定节点集就会减少很多。在下面的算法中，我们试图利用节点度的知识。

假设每个节点都知道自己的度，也知道其他所有邻居的度。如果一个节点的度大于其他所有未定邻居，它就加入 MIS 并通知其邻居。一旦节点 v 得知(至少)它的一个邻居加入了 MIS，v 就会决定不加入 MIS。

当然，如果两个或更多的相邻节点共享最大的度，算法就不会取得任何进展。由于这是一个困难的问题，我们将在下文中假设这种情况不会发生，也就是说，如果节点 v 拥有最大的度，那么就没有邻居节点与 v[㊀]拥有相同的度。

a) 请画一个图来说明这个算法对树来说有很大的时间复杂度！给出由 n 个节点组成的树的(最坏情况)时间复杂度的(非微不足道)下界。

提示： $\omega(\log n)$的下界足以说明这个算法比树的快速 MIS 算法差，你不需要找的 $\Omega(n)$的下界。

提示： 运行时间为 $\omega(f(n))$ 意味着运行时间"渐近地严格大于$f(n)$"。

b) 请构建一个图来证明该算法的时间复杂度对任意图来说甚至比对树来说更差！时间复杂度是多少？

c) 现在我们将修改算法。一个节点 v 在任何给定回合中的度只是未定邻居数。证明这个修改后的算法在任意图上的(紧)下界和上界！

练习 20　(本地)归约

许多问题或多或少可以看作为其他问题的变体，因此可以巧妙地使用相同的算法来解决。在这个练习中，你可以把第 7 章中得出的算法作为子例程使用。

a) 边着色问题定义如下。给定一个图 $G=(V, E)$，给每条边 $e\in E$ 分配一个颜色$c(e)$，使得没有两条相邻的边(即共享一个节点的边)具有相同的颜色！一如既往，这个问题不仅要快速解决，而且要用少量的颜色来解决。给出一个运行时间高概率为 $O(\log n)$的 $2\Delta-1$ 边着色算法！

提示： Δ 表示 G 中所有节点中最大度，即 $\Delta=\max_{v\in V}d(v)$。

b) 给定一个图 $G=(V, E)$，一个支配集是一个子集 $D\subseteq V$，使得每个节点要么在 D 中，要么有一个邻居在 D 中，最小支配集的问题是找到一个最小基数的支配集。给出这个问题在环上的 3/2 近似算法，该算法需要 $O(\log^* n)$时间！

c) 有界独立图族是一组图，对每个节点来说，单跳邻域(即直接邻域)中最大独立集的大小受常数 C 的约束，给出有界独立图上最小支配集问题

㊀ 这个约束的目的是，如果我们证明即使每一步没有冲突，时间复杂度也很大，那么能够打破联系显然没有帮助。

的 C 近似算法，运行时间高概率为 $O(\log n)$。

第 8 章练习

练习 21 着色环

在第 1 章中，我们证明了一个环可以在 $\log^* n + O(1)$ 轮中用三种颜色进行着色。显然，如果节点数是偶数，一个环只能（合法地）用 2 种颜色着色。

a) 证明即使环中的节点知道节点数是偶数，用 2 种颜色给环着色也需要 $\Omega(n)$ 轮[一]。

由于用 2 种颜色给戒指着色显然需要很长时间，我们再次采取用 3 种颜色给环着色的问题。

b) 假设已经在环上构建了一个极大独立集（MIS），即每个节点都知道自己是否在独立集上。请给出一个用 3 种颜色给环着色的方法！你的算法的时间复杂度是多少？从中推导出计算 MIS 的下界。

练习 22 Ramsey 理论

在拉姆齐理论（$R(3, 3)$）的经典例子中，问到一个聚会如果没有三个互相认识的人，也没有三个互相陌生的人，能邀请多少人参加一个聚会。这对 5 个人来说是可行的，但对六个人来说是不可行的，即 $R(3, 3)=6$。这对于计划一个聚会来说可能很重要，因为三个相互认识（不认识）的人在聚会期间会形成自己的圈子，很少与其他客人互动。而在数学中，这是一个着色问题：请考虑一个有 n 个节点的完全图 K_n。你能否给每条边分配两种颜色（比如红色和蓝色）之一，以便不存在子图 K_3 的所有边的颜色都相同？如上所述，你可以用 K_5 做到这点，但不能用 K_6：$R(3, 3)=R(K_3, K_3)=6$。

然而，只有 5 个人的聚会是相当无聊的。你改变了你的想法，允许更大的聚会。从现在开始，你希望聚会的每三个人中，都至少有一个人与其他两个人相互陌生。另一方面，你现在提高了互不认识的人数。不应该有一个有 p 人组成的小组互相不认识对方。那么最多有多少人（取决于 p）可以参加你的聚会[二]？

[一] 与第 8 章一样，消息大小和本地计算是无界的，所有节点都有从 1 到 n 的唯一标识。

[二] 如果你在寻找解决方案时遇到困难，可以从 $p=2$ 和 $p=3$ 开始。

第 9 章练习

练习 23　集合不连续的通信复杂度

在第 9 章中，我们研究了相等函数的通信复杂度。现在我们考虑不连续函数。Alice 和 Bob 得到了子集 X，$Y\subseteq\{1, \cdots, k\}$，需要确定它们是否不相交。每个子集可以用一个字符串来表示。例如，我们把 $x\in\{0, 1\}^k$，k 的第 i 位定义为如果 $i\in X$，$x_i := 1$，如果 $i\notin X$，$x_i := 0$，现在把 X 和 Y 的不连接性定义为：

$$\mathrm{DISJ}(x, y) := \begin{cases} 0 & \text{存在一个索引 } i\text{，使得 } x_i = y_i = 1 \\ 1 & \text{其他} \end{cases}$$

a) 请写出 $k=3$ 是 DISJ 函数的 M^{DISJ}。

b) 在 $k=3$ 的情况下，使用 a) 中得到的矩阵 DISJ 提供一个大小为 4 的混淆集。

c) 在一般情况下，证明 $\mathrm{CC}(\mathrm{DISJ})=\Omega(k)$。

练习 24　区分直径 2 和 4

在第 9 章中，我们指出，当一条边被限制在 $O(\log n)$时，图的直径可以在 $O(n)$内计算出来。在这个问题中，当我们知道执行算法的所有网络/图的直径为 2 或直径为 4 的情况下，我们可以做得更快。我们首先将节点划分为集合。令阈值 $s := s(n)$，并定义高度节点集 $H := \{v\in V \mid d(v)\geqslant s\}$和低度节点集 $L := \{v\in V \mid d(v)<s\}$。接下来，我们定义：$H$-支配集 DOM 是一个节点的子集 DOM$\subseteq V$，使得 H 中的每个节点要么在该集 DOM 中，要么与该集 DOM 中的节点相邻。

注意： 我们定义 $N_1(v)$为顶点 v 的封闭邻域(v 和它的相邻节点)。

在下文中，假设我们可以在 $O(D)$时间内计算出一个 H-支配集 DOM 的大小$\dfrac{n\log n}{s}$。

a) 算法 2-vs-4 的分布式运行时是什么？如果你认为某一步骤的分布式实现在课程中还不知道，请查找该步骤的分布式实现！

算法 15.9　"2-vs-4"

输入：直径为 2 或 4 的 G

输出：G 的直径

1. **if** $L \neq \varnothing$ **then**
2. 　选择 $v \in L$ {我们知道：这需要 $O(D)$。}
3. 　从 $N_1(v)$ 中的每个顶点计算 BFS 树
4. **else**
5. 　计算一个 H-支配集 DOM{利用：假设}
6. 　从 DOM 中的每个顶点计算 BFS 树
7. **end if**
8. **if** 所有的 BFS 树深度为 2 或 1 **then**
9. 　**return** 2
10. **else**
11. 　**return** 4
12. **end if**

提示：运行时间取决于 s 和 n。

b) 请找到一个函数 $s := s(n)$，使运行时间最小化(以 n 为单位)。

c) 请证明如果直径是 2，那么算法 2-vs-4 总是返回 2。

现在假设网络的直径是 4，我们知道顶点 u 和 v 之间的距离是 4。

d) 请证明如果算法从至少一个节点 $w \in N_1(u)$ 执行 BFS，它决定"直径是 4"。

e) 在 $L \neq \varnothing$ 的情况下。请证明该算法从某个节点 w 开始，至少执行了深度为 3 的 BFS。

提示：使用 d)。

f) 在 $L = \varnothing$ 的情况下：证明该算法从某个节点 w 开始，至少执行了深度为 3 的 BFS。

g) 给出一个更深层次的想法，为什么你认为这并不违反第 9 章中提出的 $\Omega(n/\log n)$ 的下界！

h) 假设 $s = \frac{n}{2}$。证明或证伪：如果直径为 2，那么算法 2-vs-4 总是能计算出一些深度正好为 2 的 BFS 树。

第10章练习

练习25　分布式网络分区

在这个练习中，我们将推导出第10章中介绍的集群构建算法的异步分布式版本。假设（在$O(n)$时间内，使用$O(m+n\log n)$消息）已经计算出了一棵有根生成树。我们进一步假设算法中的常数ρ为2。此外，在这个练习中，你可以忽略集群间的边，也就是说，集群间的边的数量在集群建立后不需要减少。

就像集中式算法一样，分布式算法重复应用以下两个步骤来构建一个分区。

1. 找到一个（集群）领导人节点。

2. 构建一个集群C，考虑所有的边E（不仅仅是生成树），移除所有的节点$v\in C$，并移除所有$u\in C$或$v\in C$或两者的边$\{u, v\}$。

我们现在将开发这个算法如何在异步环境下执行。给定一个领导人节点，我们需要通过向集群添加越来越多的节点来建立集群。生成树的根可以被用作第一个领导人节点。

a) 请描述一个领导人是如何构建一个集群的！假设C表示构建的集群。证明构建集群的时间复杂度以$O(|C|)$为界！

提示： 如果C的半径为r，表明时间复杂度为$O(r^2)\subseteq O(\log^2|C|)\subset O(|C|)$！

b) 设$E'\subseteq E$为步骤2中可以移除的边的集合。证明构建群集C可以用$O(|E'|)$条信息完成！

提示： 可以用以下角度观察，即离领导人节点较近的边必须被穿越得更频繁，但离领导人较远的边也更多！

c) 一旦构建了一个集群，我们需要在剩余的图中找到下一个领导人节点。说明如何在所有轮次在$O(n)$时间内使用$O(n)$消息来完成这项任务。

提示： 想想如何使用生成树在$O(n)$时间内使用$O(n)$消息总共访问图中的所有节点！这个树状遍历方案会如何被用来在每次建立新集群时找到集群领导人？

d) 把所有的东西放在一起，表明整个分区需要$O(n)$时间，并使用

$O(m)$信息[一]！

第11章练习

练习26　自稳定生成树

在这个练习中，我们正在寻找高效、自稳定的生成树算法。因此，如果拓扑结构发生变化或节点和/或链接失效，生成树将被调整。

a) 请证明任何自稳定生成树算法的时间复杂度的(渐近的)最优下界！

b) 如果将第11章的变换应用于 Bellman-Ford BFS 算法(见算法2.13)，所产生的自稳定算法的时间复杂度是否最优？平均而言，与原算法相比，每轮必须传送的信息多多少？

c) 假设领导人节点(即构建的树的根)知道直径 D，你能否给出一种算法，在相同的时间内稳定到恒定系数，但每轮发送的信息不多于未修改的 Bellman-Ford 算法？如果可以，你的方法是否可以推广到其他算法上？如果不能，请证明一个相应的下界。

第12章练习

练习27　无标尺网络

对社会网络结构的不同研究报告指出，基础连接图的度分布渐近地遵循幂法则，即社会网络中一个节点拥有度 k 的概率由以下公式给出：

$$\Pr[k]=ck^{-\alpha}\text{，其中 } c \text{ 是一个正则化常数}$$

a) 具有相同节点度分布的两个图的直径是否相等(不一定是幂法则图)？

b) 记住第12章的谣言游戏：两个玩家在图上选择一个节点，在那里开始他们的谣言。离图中某个节点较近的玩家可以将其谣言传播到该节点。赢家是能够将其谣言传播到更多节点的玩家。在幂法则网络中，总是选择度最高的节点是否是最佳策略？

对于以下问题，你可以使用 Chernoff 约束：[二]

[一] 在这些界限中，在生成树的构建阶段(显然)没有考虑。

[二] Chernoff 型和类似的概率界线是非常强大的工具，允许设计大量的随机算法，几乎保证成功。通常，这个“几乎”在运行时间和/或近似质量上有很大的不同。

原理 15.10(Chernoff 约束)

设 $X := \sum_{i=1}^{n} X_i$ 是 n 个独立 0—1 随机变量 X_i 的总和。那么下面的情况成立：

$$\Pr[X \leqslant (1-\delta)\mathbb{E}[X]] \leqslant \mathrm{e}^{-\mathbb{E}[X]\delta^2/2} \quad 0<\delta\leqslant 1$$

练习 28　增强网格中的贪心路由

回顾第 12 章中的网络，其中节点被安排在一个网格中，每个节点都有一个额外的定向链接到一个随机选择的节点。考虑 $\alpha=2$ 的情况，即节点 u 的随机链接以概率 $d(u, w)^{-2} \Big/ \sum_{v\in V\setminus\{u\}} d(u, v)^{-2}$ 将其连接到节点 w。在第 12 章中，我们看到，当我们采用贪心路由时，对于这个 α，在每一步中，我们会以概率 $\Omega(1/\log n)$ 进入下一个阶段。因此，预期的步骤数是在 $O(\log^2 n)$。证明同样的步骤数约束高概率上会成立！

练习 29　增强网格的直径

现在请考虑 $\alpha=0$ 的情况，即随机链接的目标是完全均匀地随机选择的。在第 12 章中，对这样一个网络的直径为 $O(\log n)$ 高概率的事实进行了简要的证明。现在我们将补上这些细节。

a) 证明 $\Theta(n/\log n)$ 个节点足以高概率地保证它们的随机链接中至少有一个连接到给定的 $\Omega(\log^2 n)$ 个节点集上。证明(i)通过直接计算，(ii)使用 Chernoff 约束。

提示 1： 对于(i)，对于任何 p，使用 $1-p\leqslant \mathrm{e}^{-p}$。

提示 2： 利用你可以为 $O(n/\log n)$ 个节点选择 O-notation 中的常数！

b) 假设对于某个节点集 S，我们有 $|S|\in\Omega(\log^2 n)\cap o(n)$，用 H 表示由其随机链接击中的节点集。证明 H 及其网格邻居高概率包含 $(5-o(1))|S|$ 个节点！

提示： 观察一下，独立于之前所有的随机选择，每个新的链接至少有一定的概率 p 连接到一个尚未达到完整邻域的节点。然后使用 Chernoff 约束 $|S|$ 许多变量的总和。

c) 从 b) 推断，从 $\Omega(\log^2 n)$ 节点开始，只要我们还有 $O(n/\log n)$ 节点，每跳到达的节点数就高概率会增加一倍以上(不管 O-notation 中的常数如何)。

提示: 在高概率的定义中使用常数 c，并使用联合约束($\Pr[a \wedge b] \leqslant \Pr[a]+\Pr[b]$)。

d) 得出结论：该网络的直径在 $O(\log n)$为高概率。

第13章练习

练习 30　确定中位数

考虑一个有 n 个节点且没有碰撞检测的无线电分组网络。此外，假设每个节点有一个大小为 $O(\log n)$的令牌(一个数字)，并配备大小为 $O(\log n)$的存储器。请提出一种统一的算法，允许节点在 $O(n)$个时隙内以高概率确定中位数。

提示 1: 你可以假设 n 是奇数，每个标签是唯一的。

提示 2: 先进行初始化，然后尝试确定中位数，这样可以简化任务。

提示 3: 在内存大小为 $O(\log n)$的情况下，节点最多可以到 n。

练习 31　最大值

假设一个带有碰撞检测的统一无线网络，其中每个节点都有一个数字。给出一个 $O(\log^2 n)$的算法，能以高概率找到最高的数字。

提示 1: 使用文稿中的快速领导人选举与 CD 算法。

提示 2: 使用带 CD 的快速领导人选举算法的证明中的思想和联合约束来证明你的算法能高概率成功。

第14章练习

练习 32　流量标记方案

在这个练习中，我们重点讨论流量标记方案。设 $G=\langle V, E, w\rangle$是一个加权无向图，对于每条边 $e\in E$，权重 $w(e)$是积分，代表边的容量。对于两个顶点 u，$v\in V$，它们之间的流量(任何方向)，表示为 flow(u, v)，可以定义如下。用 G'表示通过用容量为 1 的 $w(e)$平行边替换 G 中的每条边 e 得到的多图。如果 G'中的每条边(容量为 1)在不超过一条路径 $p\in P$ 中出现，那么 G'中的一组路径 P 就是边不相交的。设 $P_{u,v}$ 是 G'中 u 与 v 之间的边不相交路径的所有集合 P，则 $\text{flow}(u, v)=\max_{P\in P_{u,v}}\{|P|\}$。

考虑具有最大积分容量$\hat{\omega}$的无向加权连接n顶点图族$G(n, \hat{\omega})$。我们将为这个族找到流动标记方案。给出这个族中的图$G=\langle V, E, w\rangle$和一个整数$1\leqslant k$，定义关系

$$R_k=\{(x, y)\mid x, y\in V, \text{flow}(x, y)\geqslant k\}$$

a) 证明对于每一个$k\leqslant 1$，关系R_k在V，$C_k=\{C_k^1, \cdots, C_k^{m_k}\}$上推导出一个等价类的集合，使得$C_k^i\cap C_k^j=\varnothing(\text{if } i\neq j)$，并且$\bigcup_i C_k^i=V$。请问$C_k$和$C_{k+1}$之间有什么关系？[㊀]

根据a)的解决方案，给定G，我们可以构造一棵树T_G，对应于它的等价关系。T的第k层对应于关系R_k。一旦与之相关的等价类是单子，该树就会在一个节点上被截断。对于每个顶点$v\in V$，用$t(v)$表示T_G中与单子集$\{v\}$相关的叶子。

对于树T中以r为根的两个节点x，y，我们定义x和y的分离等级，表示为$\text{SepLevel}_T(x, y)$，即$z=lca(x, y)$的深度，即x和y的最小共同祖先，即$\text{SepLevel}_T(x, y)=\text{dist}_T(z, r)$，$z$到根的距离。

b) 证明如果存在一个标签大小为$\mathcal{L}(\text{dist}, T)$的树中距离的标标记方案，那么存在一个标签大小为$\mathcal{L}(\text{SepLevel}, T)\leqslant\mathcal{L}(\text{dist}, T)+\lceil\log m\rceil$的分离级别的标记方案，其中$m$是树中的节点数。

c) 回顾一下，在大小为m的非加权树中，有一个$O(\log^2 m)$的距离标记方案，请证明$\mathcal{L}(\text{flow}, \mathcal{G}(n, \hat{\omega}))=O(\log^2(n\hat{\omega}))$。

假设有一个$O(\log^2 m+\log\omega\log m)$的标记方案，用于大小为$m$的整数加权树中的加权距离，最大权重大小为$\omega$。

d) 找到一个更细致的树T_G的设计，可以将标签大小的约束提高到$\mathcal{L}(\text{flow}, \mathcal{G}(n, \hat{\omega}))=O(\log n\log\hat{\omega}+\log^2 n)$。

提示：考虑T_G中2度的节点。

练习 33　1位相邻标签

我们想标记节点，以确定仅基于节点标签的相邻关系（两个节点是否是邻居）。每个标签正好是1位，也就是说，每个节点的标签不是0就是1。显然，许多节点会有相同的标签。假设不存在询问一个节点是否与自

㊀ 作为惯例，$\text{flow}(x, x)=\infty$。

己相邻的查询。如果我们可以通过移动节点 ID 从另一个图中获得一个图，那么这些图就被认为是相同的。

a）请确定最大的 k，使所有有 k 个节点的图都有一个 1 位的邻接标记方案。

b）考虑正好有 10 个节点的图。给出一个 1 位的邻接标记方案，使你能标记尽可能多的图。你能标记多少个有 10 个节点的不同图？

c）你能标记多少个正好有 20 个节点的图(使用与 b)中相同的标记方案)？

推荐阅读

分布式机器学习：算法、理论与实践

书号：978-7-111-60918-6　定价：89.00元（全彩）

作者：刘铁岩 陈薇 王太峰 高飞 著　出版时间：2018年10月

全面展示分布式机器学习理论、方法与实践

微软亚洲研究院机器学习核心团队潜心力作

鄂维南院士、周志华教授倾心撰写推荐序

内容前沿全面，讨论系统深刻，全彩印刷

相比较而言，机器学习这个领域本身是比较单纯的领域,其模型和算法问题基本上都可以被看成纯粹的应用数学问题。而分布式机器学习则不然,它更像是一个系统工程，涉及数据、模型、算法、通信、硬件等许多方面，这更增加了系统了解这个领域的难度。刘铁岩博士和他的合作者的这本书，从理论、算法和实践等多个方面,对这个新的重要学科给出了系统、深刻的讨论，对整个机器学习、大数据和人工智能领域都是很大的贡献。我看了这本书受益匪浅。相信对众多关注机器学习的工作人员和学生，这也是一本难得的好书。

——鄂维南 中国科学院院士，美国数学学会、美国工业与应用数学学会士

普林斯顿大学、北京大学教授，北京大数据研究院院长

值得一提的是，市面上关于机器学习的书籍已有许多，但是分布式机器学习的专门书籍还颇少见。刘铁岩博士是机器学习与信息检索领域的国际著名专家，带领的微软亚洲研究院机器学习研究团队成果斐然。此次他们基于分布式机器学习方面的丰富经验推出《分布式机器学习：算法、理论与实践》一书，将是希望学习和了解分布式机器学习的中文读者的福音，必将有力促进相关技术在我国的推广和发展。

——周志华 欧洲科学院外籍院士，ACM / AAAS / AAAI / IEEE / IAPR 会士

南京大学教授、计算机科学与技术系主任、人工智能学院院长